Hari Lal

Efeito dos resíduos animais no ambiente

Hari Lal

Efeito dos resíduos animais no ambiente

ScienciaScripts

Imprint

Any brand names and product names mentioned in this book are subject to trademark, brand or patent protection and are trademarks or registered trademarks of their respective holders. The use of brand names, product names, common names, trade names, product descriptions etc. even without a particular marking in this work is in no way to be construed to mean that such names may be regarded as unrestricted in respect of trademark and brand protection legislation and could thus be used by anyone.

Cover image: www.ingimage.com

This book is a translation from the original published under ISBN 978-3-330-34764-9.

Publisher:
Sciencia Scripts
is a trademark of
Dodo Books Indian Ocean Ltd. and OmniScriptum S.R.L publishing group

120 High Road, East Finchley, London, N2 9ED, United Kingdom
Str. Armeneasca 28/1, office 1, Chisinau MD-2012, Republic of Moldova, Europe
Printed at: see last page
ISBN: 978-620-8-02281-5

ÍNDICE

CAPÍTULO 1: INTRODUÇÃO

A Índia é o maior produtor de leite do mundo, com uma produção anual de leite superior a 125 milhões de toneladas métricas. Esta enorme produção de leite foi conseguida graças ao facto de a população de bovinos e búfalos ser a mais elevada do mundo, com 191,2 milhões e 102,4 milhões, respetivamente. Embora os animais leiteiros sejam relativamente pouco produtivos, a sua grande população e a menor necessidade de factores de produção tornam-nos economicamente viáveis e sustentáveis.

Os sectores da pecuária e da avicultura produzem carne, leite e ovos e geram também grandes volumes de águas residuais e resíduos sólidos que podem ser benéficos ou prejudiciais para o ambiente. Os produtos residuais, que incluem excrementos de gado ou de aves de capoeira e perdas de ração associadas, camas, águas de lavagem e outros materiais residuais, representam um recurso valioso que, se for utilizado de forma sensata, pode substituir quantidades significativas de fertilizantes inorgânicos (Bouwman e Booij, 1988; Leha, 1998; Smith e Vanduk, 1987), alimentos convencionais para animais (El Boushy e Vander Poel, 2000) e gás de cozinha (Henuk, 2001), mas pode ser uma ameaça direta para a saúde humana e animal (Taiganides, 2002).

Os resíduos animais sob a forma de estrume são fontes valiosas de nutrientes e matéria orgânica para utilização na manutenção da fertilidade do solo e na produção de culturas. Estudos com animais mostraram que 55-90% do teor de azoto e fósforo dos alimentos para animais são excretados nas fezes e na urina (Tamminga et *al.*, 2000), normalmente utilizados como estrume. O estrume de aves de capoeira e de suínos recolhido em instalações de alimentação em regime de confinamento foi recuperado para ser reutilizado na alimentação de bovinos de carne, bovinos leiteiros e ovinos (Bell, 2002), tendo-se verificado que não apresentava riscos graves para a saúde dos ruminantes e das aves de capoeira nem tinha efeitos negativos na qualidade da carne, dos ovos ou do leite (McIlroy e Martz, 1978). Os resíduos animais têm sido tradicionalmente utilizados na produção de biogás na Ásia, particularmente em zonas tropicais como a Indonésia, a Índia e o Vietname (Henuk, 2001). No entanto, a deposição descuidada de resíduos animais em terrenos agrícolas e a sua descarga direta em cursos de água e a percolação em águas subterrâneas, geralmente em fluxo de by-pass *através de* fendas e fissuras, constituem um grande risco para a saúde humana e animal, porque os resíduos animais contêm uma miríade de agentes patogénicos (Davies, 1997; Dizer et a/., 1984), alguns dos quais podem ser zoonóticos e causar infecções sistémicas ou locais (Dizer et a/., 1984; Mackenzie et a/., 1994; Davies, 1997; Stanley et a/., 1998; Fischer et a/., 2000; Cameron et a/., 2000). A transmissão de micróbios causadores de doenças é reforçada pela má gestão dos resíduos animais e pode ser reduzida através de métodos corretos de manuseamento dos resíduos (Mackenzie et a/., 1994). As doenças altamente contagiosas e patogénicas, como a febre aftosa e a peste suína, podem propagar-se com os efluentes animais através dos cursos de água e, quando uma exploração está infetada com a doença, as explorações a jusante correm um risco considerável de infeção (Cameron et a/., 2000). Os resíduos da pecuária produzem amoníaco, que pode ser um potencial poluente causador de eutrofização grave de rios e lagos, caracterizada por uma elevada concentração de nutrientes que cria um desequilíbrio ecológico no sistema hídrico que suporta níveis anormalmente elevados de crescimento de algas e plantas aquáticas (Burton e Turner, 2003; IAEA/FAO, 2008). Isto reduz os níveis de oxigénio na água e tem sérias implicações na sobrevivência dos organismos aquáticos e, consequentemente, no fornecimento de alimentos e na biodiversidade (IAEA/FAO, 2008).

Os resíduos da pecuária são fontes de maus cheiros provenientes dos edifícios de criação de animais, do armazenamento e da aplicação no terreno de estrume animal. A intensidade dos maus cheiros é frequentemente inaceitável, especialmente para os vizinhos das zonas residenciais circundantes. A nível mundial, a concentração de metano (CH_4) na atmosfera, gás com efeito de estufa, aumentou 45% desde 1850 (Lelieveld et al., 1998). O aumento da produção pecuária contribuiu significativamente para este aumento e estima-se que a fermentação entérica dos ruminantes contribui em cerca de 13-15% e os resíduos animais em 5% para a emissão total de CH_4 na década de 1990 (Hogan et al., 1991; Lelieveld et al., 1998). Calculou-se que a agricultura contribuiu com quase 80% para as emissões antropogénicas de N_2O na década de 1990 (Khalil e Rasmussen, 1992) e outros inventários de emissões mostram que a produção animal contribuiu com 70-80% das emissões antropogénicas de NH_3 na Dinamarca e na Europa (Hutchings et al., 2001).

Os resíduos animais estão geralmente associados a riscos para a saúde humana e animal se não forem corretamente geridos. Existe, pois, uma necessidade premente de investigação holística sobre estratégias e técnicas eficazes de utilização dos resíduos animais, adaptadas ao desenvolvimento de sistemas de produção animal sustentáveis e respeitadores do ambiente. Acredita-se que esse(s) sistema(s) assegurará(ão) a sua utilização sustentável como adubo orgânico, alimento não convencional para animais, fonte de biogás, bem como a redução dos seus impactos ambientais (poluição do ar e da água, emissões de amoníaco e de gases com efeito de estufa) na saúde humana e animal. O objetivo do presente documento era analisar a tendência da produção animal, a gestão e utilização dos resíduos animais e as suas implicações ambientais e sanitárias.

CAPÍTULO 2: TENDÊNCIAS MUNDIAIS DA PRODUÇÃO ANIMAL

A produção pecuária nos países em desenvolvimento aumentou rapidamente durante as últimas décadas devido à política destes países de aumentar ainda mais a produção de carne e leite (Nguyen, 1998; Delgado etal., 1999; Gerber *et al.*, 2005; Steinfeld e Chilonda, 2006; dados Faostat 2006). O crescimento da produção de carne e leite é impulsionado pelo aumento da procura, pelo aumento do rendimento per capita, pela urbanização, pela mudança de estilos de vida e pelo crescimento da população. O termo "Revolução Pecuária" tem sido utilizado para descrever este desenvolvimento. As tendências do consumo de carne e leite per capita nos países em desenvolvimento, em comparação com o mundo desenvolvido, são apresentadas no Quadro 1.

Simultaneamente com o aumento da produção pecuária nos países em desenvolvimento, os padrões de produção mudaram e surgiram mais sistemas de produção pecuária industrial (Bouwman e Booij, 1998). Atualmente, uma grande parte do gado é criada para a produção de alimentos e as funções tradicionais de fornecer força de tração, estrume e servir como um bem de capital estão a tornar-se menos importantes (Bouwman e Booij, 1998). Isto significa também uma mudança da criação de gado no quintal das pequenas explorações agrícolas, como transformador de resíduos domésticos e forragens de baixa qualidade, para a criação de gado em unidades de produção especializadas, alimentadas com alimentos cultivados em casa ou comprados. O aumento da procura de carne fresca, leite e ovos nos centros urbanos prósperos e a falta de infra-estruturas eficientes nas zonas rurais resultaram numa grande concentração da produção pecuária perto das cidades (Gerber et al., 2005). Este facto, por sua vez, resultou na produção de grandes quantidades de resíduos animais perto das cidades

Table1

Projected per capita consumption of meat and milk in developing and developed countries in 1983, 1993 and 2020.

Region	Per capita meat consumption (g)[*]			Per capita milk consumption (g)[†]		
	1983	1993	2020	1983	1993	2020
Developing countries	14000	21000	30000	35000	40000	62000
Developed countries	74000	76000	83000	195000	192000	189000

Adaptado de dados do Faostat (2006); a carne inclui o peso das carcaças de bovinos, suínos, ovinos, caprinos e aves; o leite é o leite de vaca e de búfala e os produtos lácteos em equivalentes de leite líquido.

CAPÍTULO 3: CAUSAS DA POLUIÇÃO

Existem, de facto, SETE tipos diferentes de poluição ambiental. A maior parte das pessoas sabe nomear o ar, a água e a terra... conhece os outros quatro? Ou exemplos do que constitui poluição efectiva em cada categoria?

A seguir são apresentados cada um dos tipos e exemplos para o ajudar a compreender como podemos afetar o ambiente e uns aos outros.

Poluição atmosférica

De acordo com o dicionário, a poluição atmosférica é a contaminação do ar por fumo e gases nocivos, principalmente óxidos de carbono, enxofre e azoto. (E talvez por aquele tio malcheiroso.) Alguns exemplos de poluição do ar incluem:

- Fumos de escape dos veículos

- A queima de combustíveis fósseis, como o carvão, o petróleo ou o gás

- Gases nocivos provenientes de produtos como tintas, produção de plásticos, etc.

- Derrames de radiação ou acidentes nucleares

A poluição do ar está associada à asma, às alergias e a outras doenças respiratórias. Pode consultar mais sobre como o ambiente afecta a saúde humana aqui.

Poluição do solo

A poluição dos solos é a degradação da superfície terrestre causada pela má utilização dos recursos e pela eliminação incorrecta dos resíduos. Alguns exemplos de poluição do solo incluem:

- Lixo encontrado na berma da estrada

- Descargas ilegais em habitats naturais

- Derrames de petróleo que ocorrem em terra

- A utilização de pesticidas e outros produtos químicos agrícolas

- Danos e detritos causados por práticas mineiras e madeireiras não sustentáveis

- Derrames de radiação ou acidentes nucleares

A poluição dos solos é responsável pelos danos causados ao habitat natural dos animais, pela desflorestação e pelos danos causados aos recursos naturais, bem como pela degradação geral das nossas comunidades.

Poluição luminosa

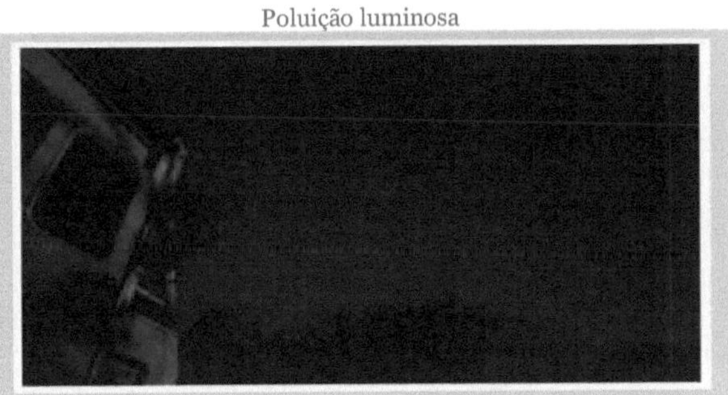

A poluição luminosa é o brilho do céu noturno que inibe a visibilidade das estrelas e dos planetas devido à utilização de iluminação inadequada das comunidades. Alguns exemplos do que causa a poluição luminosa:

- Candeeiros de rua que emitem luz em todas as direcções, em vez de terem um capuz que aponta a luz para baixo, para a rua.
- Luzes extra e desnecessárias em casa
- Cidades com luzes acesas durante toda a noite

A poluição luminosa consome mais energia (ao fazer brilhar mais luz para cima em vez de para baixo, o que significa que são necessárias lâmpadas mais brilhantes para a mesma quantidade de luz), pode afetar a saúde humana e os nossos ciclos de sono e, mais importante ainda, corrompe os telescópios dos nossos filhos e a sua curiosidade.

Poluição sonora

A poluição sonora é qualquer som alto que seja prejudicial ou incómodo para os seres humanos e os animais. Alguns exemplos de poluição sonora:

- Aviões, helicópteros e veículos a motor
- Ruído de construção ou demolição
- Actividades humanas, como eventos desportivos ou concertos

A poluição sonora pode perturbar os níveis de stress dos seres humanos, pode ser prejudicial para os bebés em gestação e afasta os animais ao provocar nervosismo e diminuir a sua capacidade de ouvir as presas ou os predadores.

A poluição térmica é o aumento da temperatura causado pela atividade humana. Alguns exemplos disso são:

- Água de lagos mais quente proveniente do fabrico de barbotina (utilizando água fria para arrefecer o e depois bombeá-lo de volta para o lago)
- A poluição térmica deve incluir também o aumento das temperaturas em zonas com muito betão ou veículos, geralmente nas cidades

Estes tipos de poluição ambiental podem fazer com que a vida aquática sofra ou morra devido ao aumento da temperatura, podem causar desconforto às comunidades que lidam com temperaturas mais elevadas e afectam a vida vegetal na área e à sua volta.

A poluição visual é o que se chama a qualquer coisa pouco atractiva ou visualmente prejudicial para a paisagem próxima. Este tende a ser um tema altamente subjetivo. Alguns exemplos de poluição visual:

- Arranha-céus que bloqueiam uma vista natural

- Graffiti ou entalhes em árvores, rochas ou outras paisagens naturais

- Outdoors, lixo, casas abandonadas e sucatas também podem ser considerados

    entre três tipos de poluição ambiental

Na sua maioria, os tipos visuais de poluição ambiental são irritantes e feios, embora alguns possam dizer que também são deprimentes, e afectam, naturalmente, a paisagem circundante com as alterações que provocam.

Quando um homem atira um maço de cigarros vazio de um automóvel, está sujeito a uma coima de 50 dólares. Quando um homem atira um cartaz para o outro lado da rua, é ricamente recompensado. - Pata Castanho

Poluição da água

A poluição da água é a contaminação de qualquer massa de água (lagos, lençóis freáticos, oceanos, etc.). Alguns exemplos de poluição da água:

- Esgoto bruto que corre para o lago ou riachos

- Derrames de resíduos industriais que contaminam as águas subterrâneas

- Derrames de radiação ou acidentes nucleares

- Descarga ilegal de substâncias ou objectos nas massas de água

- Contaminação biológica, como o crescimento de bactérias

- Escoamento agrícola para as massas de água Estes tipos de medidas ambientais

estão associados a problemas de saúde nos seres humanos, animais e plantas.

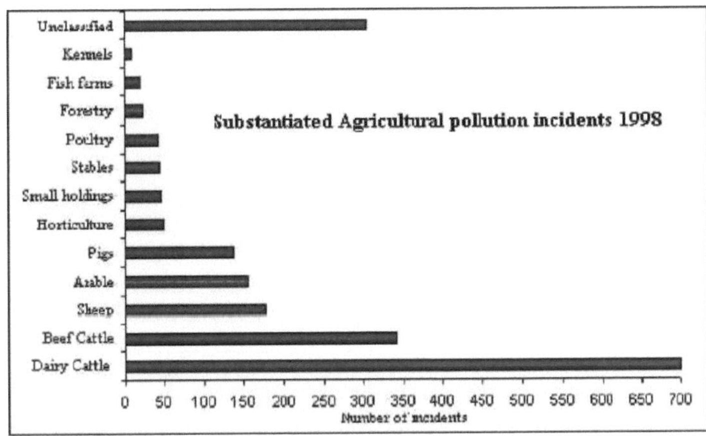

Fonte: Taylor Nelson AGB plc (1996)

Fig 1 incidentes de poluição causados por diferentes fontes

- Os incidentes comprovados de poluição de origem agrícola atingiram um máximo histórico de 3329 em 1994
- Em 1996, este número tinha diminuído para 2111
- A maioria dos casos foi provocada por chorume (17%)
- Escorrimento do solo (16%)
- Água suja (14%)
- Os incidentes de categoria 1 (risco ambiental elevado), normalmente causados por falhas catastróficas de depósitos de chorume ou de efluentes, diminuíram de 99 incidentes em 1991 para 28 em 1996
- Muito melhorado   pela grelha de armazenamento de chorume e pelo controlo dos poluentes regulamentos 1991
- Desconhece-se a extensão da possível contaminação das águas subterrâneas por depósitos de chorume com paredes de terra construídos antes de 1991
- Os dados   mais recentes da Agência do Ambiente mostram que o número de incidentes graves de poluição (categorias 1 e 2) da água, do solo e do ar diminuiu para 85 em 2006, contra 256 em 2000 (Inglaterra   e País de Gales   ).
Agência do Ambiente

O inquérito sobre práticas agrícolas realizado em 2004 revelou um pequeno aumento da posse dos códigos entre 2001 e 2004, variando a posse em função da dimensão e do tipo de exploração. Em 2004, as explorações cerealíferas eram as que possuíam mais códigos, com 91%, pelo menos, um dos códigos, enquanto as explorações pecuárias possuíam menos de 70%. Além disso, nas explorações de maior dimensão, apenas 13% não possuem qualquer código, em comparação com 36% nas explorações de menor dimensão. Foi também encontrada uma correlação entre a posse de códigos e a adesão a programas de garantia da produção.

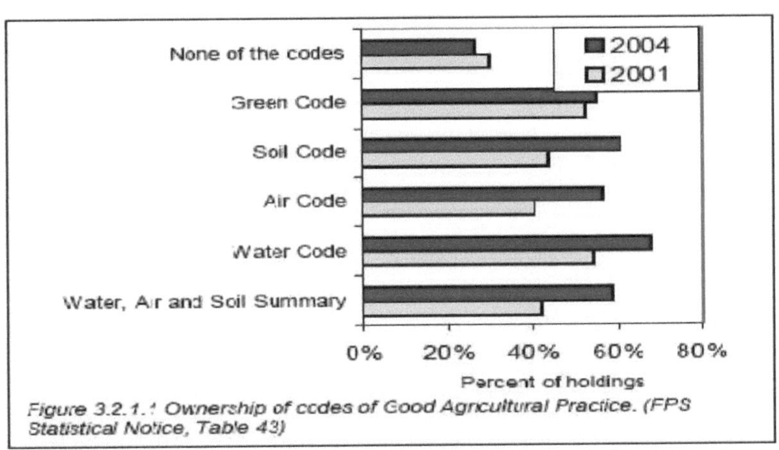

Figure 3.2.1.1 Ownership of codes of Good Agricultural Practice. (FPS Statistical Notice, Table 43)

FACTOS SOBRE A POLUIÇÃO E TIPOS DE POLUIÇÃO

A poluição é o processo de tornar o solo, a água, o ar ou outras partes do ambiente sujos e inseguros ou inadequados para utilização. Isto pode ser feito através da introdução de um contaminante num ambiente natural, mas o contaminante não precisa de ser tangível. Coisas tão simples como a luz, o som e a temperatura podem ser consideradas poluentes quando introduzidas artificialmente num ambiente.

A poluição tóxica afecta mais de 200 milhões de pessoas em todo o mundo, segundo a **Pure Earth**, uma organização ambiental sem fins lucrativos. Em alguns dos locais mais poluídos do mundo, os bebés nascem com defeitos congénitos, as crianças perdem 30 a 40 pontos de QI e a esperança de vida pode chegar aos 45 anos devido a cancros e outras doenças. Continue a ler para saber mais sobre tipos específicos de poluição.

Poluição do solo

A terra pode ficar poluída pelo lixo doméstico e pelos resíduos industriais. Em 2010, os americanos produziram cerca de 250 milhões de toneladas (226,8 milhões de quilogramas) de lixo, constituído por embalagens de produtos, aparas de relva, mobiliário, vestuário, garrafas, restos de comida, jornais, electrodomésticos, tinta e pilhas. Isto corresponde a cerca de 1,95 kg de resíduos por pessoa e por dia, de acordo com a Agência de Proteção Ambiental (EPA). Um pouco mais de metade dos resíduos - 54% - é depositado em aterros. Apenas cerca de 34% são reciclados, o que representa cerca do dobro da quantidade reciclada em 1980, de acordo com a Sociedade Americana de Engenheiros Civis. Os alimentos contribuem em grande medida para os resíduos dos aterros sanitários. Cerca de 40% dos alimentos produzidos nos Estados Unidos são deitados ao lixo todos os anos, de acordo com o Natural Resources Defense Council. Os resíduos comerciais ou industriais constituem uma parte significativa dos resíduos sólidos. De acordo com a Universidade de Utah, as indústrias utilizam 1,8 milhões de kg de materiais para fornecer à família americana média os produtos necessários durante um ano. Uma grande parte é classificada como não perigosa, como material de construção (madeira, betão, tijolos, vidro, etc.) e resíduos médicos (ligaduras, luvas cirúrgicas, instrumentos cirúrgicos, agulhas descartadas, etc.). Os resíduos perigosos são quaisquer resíduos líquidos, sólidos ou lamas que contenham propriedades perigosas ou potencialmente nocivas para a saúde humana ou para o ambiente. As indústrias geram resíduos perigosos provenientes da extração mineira, da refinação de petróleo, do fabrico de pesticidas e de outras produções químicas. Os agregados familiares também produzem resíduos perigosos, incluindo tintas e solventes, óleo de motor, lâmpadas fluorescentes, latas de aerossóis e munições.

Poluição da água

A poluição da água ocorre quando são introduzidos na água produtos químicos ou substâncias estranhas perigosas, incluindo produtos químicos, águas residuais, pesticidas e fertilizantes provenientes do escoamento agrícola ou metais como o chumbo ou o mercúrio. De acordo com a EPA, 44% dos quilómetros de cursos de água avaliados, 64% dos lagos e 30% das baías e áreas estuarinas não estão suficientemente limpos para pescar e nadar. A EPA afirma também que os contaminantes mais comuns nos Estados Unidos são as bactérias, o mercúrio, o fósforo e o azoto. Estes provêm das fontes mais comuns de contaminantes, que incluem o escoamento agrícola, a deposição atmosférica, os desvios de água e a canalização dos cursos de água.

A poluição da água não é um problema exclusivo dos Estados Unidos. De acordo com as Nações Unidas, 783 milhões de pessoas não têm acesso a água potável e cerca de 2,5 mil milhões não têm acesso a saneamento adequado. Um saneamento adequado ajuda a impedir que os esgotos e outros contaminantes entrem no abastecimento de água.

De acordo com a National Oceanic and Atmospheric Administration (NOAA), 80 por cento da poluição dos ambientes marinhos provém da terra através de fontes como o escoamento superficial. A poluição da água pode afetar gravemente a vida marinha. Por exemplo, os esgotos provocam o desenvolvimento de agentes patogénicos, enquanto os compostos orgânicos e inorgânicos presentes na água podem alterar a composição deste precioso recurso. De acordo com a EPA, os baixos níveis de oxigénio dissolvido na água são também considerados poluentes. O oxigénio dissolvido é causado pela decomposição de materiais orgânicos, como os esgotos introduzidos na água.

O aquecimento da água também pode ser prejudicial. O aquecimento artificial da água é designado por poluição térmica. Pode acontecer quando uma fábrica ou uma central eléctrica que utiliza água para arrefecer as suas operações acaba por descarregar água quente. Isto faz com que a água contenha menos oxigénio, o que pode matar peixes e animais selvagens. A mudança brusca de temperatura na massa de água também pode matar os peixes. De acordo com a Universidade da Geórgia, estima-se que cerca de metade da água retirada dos sistemas hídricos nos Estados Unidos todos os anos é utilizada para arrefecer centrais eléctricas.

"Em quase todos os casos, 90 por cento desta água é devolvida à sua fonte, onde pode aumentar a temperatura da água numa área imediatamente circundante ao tubo de descarga de água. Dependendo do caudal, a temperatura da água regressa rapidamente a uma temperatura ambiente que não prejudica os peixes." Donn Dears, ex-presidente da August, uma corporação sem fins lucrativos focada em questões energéticas, disse ao Live Science.

A poluição por nutrientes, também designada por eutrofização, é outro tipo de poluição da água. Ocorre quando nutrientes, como o azoto, são adicionados às massas de água. O nutriente funciona como fertilizante e faz com que as algas cresçam a taxas excessivas, de acordo com a NOAA. As algas bloqueiam a luz de outras plantas. As plantas morrem e a sua decomposição leva a menos oxigénio na água. Menos oxigénio na água mata os animais aquáticos.

Poluição atmosférica

O ar que respiramos tem uma composição química muito exacta; 99% é constituído por azoto, oxigénio, vapor de água e gases inertes. A poluição do ar ocorre quando são adicionados ao ar elementos que normalmente não existem. Um tipo comum de poluição atmosférica ocorre quando as pessoas libertam partículas para o ar devido à queima de combustíveis. Esta poluição assemelha-se a fuligem, contendo milhões de partículas minúsculas, que flutuam no ar.

Outro tipo comum de poluição atmosférica são os gases perigosos, como o dióxido de enxofre, o monóxido de carbono, os óxidos de azoto e os vapores químicos. Estes podem participar em outras reacções químicas quando se encontram na atmosfera, criando chuva ácida e smog. Outras fontes de poluição do ar podem provir do interior dos edifícios, como o fumo passivo.

Finalmente, a poluição do ar pode assumir a forma de gases com efeito de estufa, como o dióxido de carbono ou o dióxido de enxofre, que estão a aquecer o planeta através do efeito de estufa. De acordo com a EPA, o efeito de estufa ocorre quando os gases absorvem a radiação infravermelha que é libertada pela Terra, impedindo que o calor escape. Este é um processo natural que mantém a nossa atmosfera quente. No entanto, se forem introduzidos demasiados gases na atmosfera, é retido mais calor, o que pode tornar o planeta artificialmente quente, de acordo com a Universidade de Columbia.

A poluição atmosférica mata mais de 2 milhões de pessoas por ano, de acordo com um estudo publicado na revista Environmental Research Letters. Os efeitos da poluição atmosférica na saúde humana podem variar muito em função do poluente, segundo Hugh Sealy, professor e diretor do curso de saúde ambiental e ocupacional do Departamento de Saúde Pública e Medicina Preventiva da Universidade de St. Se o poluente for altamente tóxico, os efeitos na saúde podem ser generalizados e graves. Por exemplo, a libertação de gás isocianato de metilo na fábrica da Union Carbide em Bhopal, em 1984, matou mais de 2.000 pessoas e mais de 200.000 sofreram problemas respiratórios. Um irritante (por exemplo, partículas com menos de 10 micrómetros) pode causar doenças respiratórias, doenças cardiovasculares e um aumento da asma. "Os mais jovens, os idosos e as pessoas com sistemas imunitários vulneráveis são os que correm maior risco devido à poluição atmosférica. O poluente atmosférico pode ser cancerígeno (por exemplo, alguns compostos orgânicos voláteis), biologicamente ativo (por exemplo, alguns vírus) ou radioativo (por exemplo, o rádon). Outros poluentes atmosféricos, como o dióxido de carbono, têm um impacto indireto na saúde humana através das alterações climáticas", disse Sealy ao Live Science.

Poluição sonora

Embora os seres humanos não consigam ver ou cheirar a poluição sonora, esta continua a afetar o ambiente. A poluição sonora ocorre quando o som proveniente de aviões, da indústria ou de outras fontes atinge níveis nocivos. A investigação tem demonstrado ligações diretas entre o ruído e a saúde, incluindo doenças relacionadas com o stress, tensão arterial elevada, interferências na fala e perda de audição. Por exemplo, um estudo do grupo de trabalho da OMS "Noise Environmental Burden on Disease" concluiu que a poluição sonora pode contribuir para centenas de milhares de mortes por ano, aumentando as taxas de doenças coronárias. Ao abrigo do Clean Air Act, a EPA pode regulamentar o ruído de máquinas e aviões.

Está provado que a poluição sonora subaquática proveniente dos navios perturba os sistemas de navegação das baleias e mata outras espécies que dependem do mundo subaquático natural. O ruído também faz com que as espécies selvagens comuniquem mais alto, o que pode encurtar o seu tempo de vida.

Poluição luminosa

A maioria das pessoas não consegue imaginar viver sem a comodidade moderna da luz eléctrica. No entanto, para o mundo natural, as luzes alteraram a forma como os dias e as noites funcionam. Algumas consequências da poluição luminosa são:

- Algumas aves cantam a horas não naturais na presença de luz artificial.

- Os cientistas determinaram que os dias artificiais longos podem afetar os horários de migração, uma vez que permitem períodos de alimentação mais longos.

- Os candeeiros de rua podem confundir as tartarugas marinhas recém-nascidas que dependem da luz das estrelas reflectida nas ondas para se orientarem da praia para o oceano. Muitas vezes, seguem na direção errada.

- A poluição luminosa, designada por brilho do céu, também torna difícil a tarefa dos astrónomos, tanto profissionais e amadores, para verem corretamente as estrelas.

- Os padrões de floração e desenvolvimento das plantas podem ser totalmente perturbados pela luz

    artificial.

- De acordo com um estudo da União Geofísica Americana, a poluição luminosa pode também estar a

    agravar o smog ao destruir os radicais de nitrato que contribuem para a dispersão de

    poluição atmosférica.

Acender tantas luzes pode não ser necessário. Um estudo publicado pelo International Journal of
Science and Research estima que a iluminação excessiva desperdiça cerca de 2 milhões de barris de
petróleo por dia e que a iluminação é responsável por um quarto de todo o consumo de energia a nível
mundial.

Outros factos relativos à poluição:

- Os americanos produzem 30 mil milhões de copos de espuma, 220 milhões de pneus e 1,8 mil milhões

    de fraldas descartáveis todos os anos, de acordo com a Green Schools Alliance.

- De   acordo com a OMS, a poluição atmosférica contribui para   6   ,7 por   cento

    do   total de

    mortes em todo o mundo.

- O rio Mississippi drena a terra de quase 40% do território continental dos Estados Unidos. Também

    transporta anualmente para o Golfo do México cerca de 1,5 milhões de toneladas métricas de

    poluição por nitrogénio, o que resulta numa zona morta todos os Verões do tamanho de Nova Jersey.

- A poluição na China pode alterar os padrões climáticos nos Estados Unidos. Bastam cinco dias para

    que a corrente de jato transporte a poluição atmosférica pesada da China para os Estados Unidos,

    onde impede que as nuvens produzam chuva e neve.

- Cerca de 7 milhões de mortes prematuras por ano estão ligadas à poluição atmosférica, segundo a OMS.

    Isto representa uma em cada oito mortes a nível mundial.

- Cerca de 56% do lixo nos Estados Unidos é depositado em aterros sanitários. Metade do espaço dos aterros é constituído por papel. A reciclagem de apenas 1 tonelada (907,18 kg) de papel pode poupar

0,08 metros cúbicos de espaço, de acordo com a EPA.

Reportagem adicional de Katherine Harmon, colaboradora do Live Science

Recursos adicionais

- OMS: Relatório do Dia Mundial da Água

- EPA: Factos sobre a qualidade da água

- Universidade de Columbia: O Efeito de Estufa e o Aquecimento Global

- Biblioteca Nacional de Medicina dos EUA: Poluição sonora

Aliança Escola Verde: Factos sobre a poluição

CAPÍTULO 4: PRODUÇÃO E COMPOSIÇÃO DOS RESÍDUOS ANIMAIS

A quantidade e a qualidade dos dejectos produzidos pelos animais variam de espécie para espécie. Dentro da espécie, a proporção exacta excretada varia de acordo com uma série de factores, incluindo a composição da dieta, o desempenho do animal (por exemplo, quantidade de leite produzido, ganho de peso vivo), tamanho, idade, sexo e práticas de criação (Ketelaars et *al.*, 2000). O volume de estrume por animal (litros/dia) variou entre 5,4 - 45,3, 5,1 - 11,3, 0,08 - 0,14, 0,13 - 0,34, 0,71, 2,8 ovelhas e 28 para bovinos, suínos, galinhas, perus, coelhos, ovelhas e cavalos, respetivamente. Ryser ei al. (2001) referiram que a composição da dieta, a conversão alimentar e o tamanho e desempenho dos animais são os factores com o impacto mais importante na produção e composição do estrume. Estudos realizados por Tamminga et *al.* (2000) e Ryser et al. (2001) demonstraram que 55-90% do teor de azoto e de fósforo dos alimentos para animais são excretados nas fezes e na urina. Existem dados sobre os teores típicos de nutrientes do estrume das principais categorias pecuárias de diferentes países, incluindo o das águas residuais da suinicultura e dos sólidos de estudos efectuados na Tailândia e em Singapura (Taiganides, 1992; Sommer, 2000), que foram resumidos no Quadro 2.

Table 2

Percentage of dietary nitrogen (N) and phosphorus (P) excreted by livestock.

Animal category	N excretion (% of intake)	P excretion (% of intake)
Dairy cow	65-80	65-80
Growing cattle (beef)	75-80	70-85
Sow with piglets	75-80	75-85
Growing – finisher pigs	70-80	75-85
Laying hen	65-80	85-90
Broilers	55-65	50-65

Source: IAEA/FAO (2008)

3.1 Teor de fósforo e azoto nos produtos de origem animal

Há variações no teor de azoto e fósforo do leite, da carne e dos ovos. As diferenças são geralmente pequenas em relação ao seu conteúdo nos alimentos e são afectadas pelas condições meteorológicas. Por exemplo, o teor de fósforo do leite de vaca gordo produzido durante os meses de inverno e de verão é de 96 e 93 mg/100 ml (Anónimo, 2002). Os valores normalizados dos teores de azoto e de fósforo nos animais vivos e nos produtos animais, obtidos a partir do Sistema de Contabilidade Mineral (MINAS) dos Países Baixos (quadro 3), são atualmente utilizados para o cálculo da excreção de azoto e de fósforo nos sistemas de produção animal.

Table 3

Nitrogen (N) and Phosphorus (P) contents of livestock (g of N and P per kg live weight) and livestock products (g of N and P per Kg products).

Animal product	g N/kg	g P/kg
Cow milk	5.4	0.92
Calf lean beef	29.4	7.6
Dairy cow	25.6	7.4
Young stock, dairy beef	25.6	7.4
Sheep	25.0	6.0
Goat	24.0	6.0
Piglet, at weaning	24.0	5.2
Slaughter pig	24.8	5.0
Sow	25.5	5.0
Eggs	19.2	2.1
Broiler chicken	28.0	4.7
Laying hen	28.0	3.1
Duck	25.0	5.7
Turkey	33.0	7.2

Source: IAEA/FAO (2008).

EFEITOS DA POLUIÇÃO DO GADO NO AMBIENTE

Air Emissions of Ammonia and Methane from Livestock Operations (Emissões atmosféricas de amoníaco e metano provenientes de explorações pecuárias): Avaliação e opções políticas

Introdução :-

A indústria da criação de animais é um dos principais emissores de metano e amoníaco nos Estados Unidos. O metano, um gás com efeito de estufa (GEE) 23 vezes mais potente do que o dióxido de carbono

(CO2), constitui quase um décimo de todas as emissões de GEE dos EUA. Embora o metano tenha um tempo de residência mais curto do que o CO2, o seu efeito radicalmente superior torna-o um alvo atrativo para medidas políticas, especialmente a curto prazo. O amoníaco é um precursor de partículas finas (PM2,5), sem dúvida a principal ameaça à saúde pública relacionada com o ambiente que a nação enfrenta.

O principal método de controlo das emissões de metano na criação de animais envolve a utilização de digestores de metano para gerar e recolher o gás metano do estrume. O biogás capturado pode então ser queimado e convertido em calor ou eletricidade. A produção de eletricidade através de digestores de metano reduz a necessidade de os agricultores comprarem eletricidade e pode também criar eletricidade excedentária que pode ser vendida de volta à rede eléctrica. O controlo do metano é também uma compensação potencial para as emissões de CO2, com um valor prospetivo de dezenas de dólares por tonelada, tendo em conta os custos previstos de controlo do CO2 nos programas regionais dos EUA em fase de conceção (RGGI 2005).

O controlo das emissões de amoníaco tem o potencial de ser associado a políticas de controlo de partículas que ofereçam compensações ou créditos de redução de emissões. No entanto, uma grande fração dos benefícios do controlo do metano e do amoníaco na criação de animais é obtida fora dos mercados existentes e não pode ser apropriada por operações leiteiras individuais que decidam investir em tecnologia de controlo do metano ou do amoníaco. Por exemplo, as reduções das emissões de gases com efeito de estufa das explorações pecuárias não são atualmente recompensadas em termos económicos. Consequentemente, as explorações leiteiras têm apenas incentivos limitados para controlar as emissões de metano com digestores. Esta situação, por sua vez, pode resultar na adoção de tecnologias de controlo das emissões pela indústria de lacticínios em geral.

Neste estudo, examinamos todo o potencial de controlo do metano e do amoníaco na criação de animais. Os nossos objectivos são identificar (a) o potencial do controlo do processo de estrume para reduzir as emissões de metano e amoníaco, (b) os limiares de custo que determinam a adoção sensata de diferentes tecnologias para controlar essas emissões, (c) os benefícios do controlo dessas emissões que se acumulam fora da indústria leiteira e (d) as políticas ou instituições necessárias para alcançar esses benefícios. Esta informação será essencial para a futura elaboração de políticas públicas que possam dar origem a novos mercados para a redução de emissões ou para orientar a assistência financeira e técnica para as tecnologias de controlo do metano e do amoníaco na agricultura.

Seleccionamos a indústria de lacticínios da Califórnia para a nossa aplicação. A Califórnia é uma área de estudo particularmente adequada porque é o primeiro estado produtor de lacticínios dos Estados Unidos e representa cerca de um quinto de toda a produção de leite e vacas dos EUA. A indústria leiteira da Califórnia gera cerca de 5,4 mil milhões de dólares em receitas em dinheiro e quase mil milhões de dólares em exportações, o que a torna um dos sectores agrícolas economicamente mais importantes do estado. As vacas da Califórnia geram mais de 70 mil milhões de toneladas de estrume por ano - mais resíduos orgânicos sólidos do que os 35 milhões de habitantes do estado geram (U.S. EPA 2006).

Os problemas associados ao estrume de vacas leiteiras na Califórnia são agravados pelo aumento da dimensão média das explorações leiteiras e pela concentração destas em áreas com uma população em rápido crescimento e com uma multiplicidade de problemas de qualidade do ar. A Califórnia tinha cerca de 4.000 fábricas de laticínios em 1992, mas o número total caiu para 2.100 em 2004. Durante o mesmo período, o número total de vacas aumentou de cerca de 1,2 milhões para 1,7 milhões, o que significa que o número médio de vacas por vacaria mais do que duplicou de cerca de 370 em 1992 para mais de 800 em 2004.

A pecuária leiteira da Califórnia está especialmente concentrada nas regiões do Vale Central e do Vale de San Joaquin. Essas regiões adjacentes abrigam, por exemplo, os cinco condados dos EUA com o maior número de vacas por condado (condados de Tulare, Merced, Stanislaus, San Bernardino e

Kings). Cerca de 1,1 milhão de vacas, ou cerca de 12% de todas as vacas dos EUA, habitam esses condados. Só o condado de Tulare tem aproximadamente 440.000 vacas leiteiras (4,5 por cento de todas as vacas leiteiras dos EUA), mais do que o número total de vacas em qualquer estado fora da Califórnia, exceto Wisconsin, Nova Iorque, Pensilvânia e Minnesota.

Esses condados com uso intensivo de laticínios - assim como muitos outros condados da Califórnia com uma presença significativa de laticínios - também são áreas de não-contaminação para material particulado (PM) e ozônio, o que significa que eles não atendem aos padrões federais mínimos de qualidade do ar (U.S. EPA 2005a). O crescimento populacional nos cinco principais condados de laticínios da Califórnia foi de mais de 20% entre 1990 e 2000, bem acima da média estadual de 13,6% (U.S. Census Bureau 2006), o que significa que a exposição da população humana à poluição está a aumentar.

A Califórnia iniciou vários programas para incentivar o tratamento de estrume com digestores de metano, incluindo o Programa de Produção de Energia Leiteira, o Programa de Incentivo à Auto-Geração e projectos de lei de contagem líquida. O Programa de Produção de Energia a partir de Lacticínios e

Os Programas de Incentivo à Auto-Geração fornecem financiamento de participação nos custos para investimentos de capital para a nova instalação de digestores de metano.i As Leis 2228 da Assembléia (assinada em 2002) e 728 (assinada em 2005) exigem que as três maiores empresas de serviços públicos do estado (Pacific Gas & Electric [PG&E], Southern California Edison [SCE] e San Diego Gas & Electric [SDG&E]) ofereçam medição líquida para fazendas leiteiras que instalem digestores de metano. Estas iniciativas incentivam a indústria leiteira a adotar digestores de metano, mas fazem-no sem considerar todos os custos e benefícios associados à redução das emissões de metano e amoníaco.

Neste documento, desenvolvemos um modelo integrado para examinar o controlo das emissões de metano e amoníaco nas explorações leiteiras. Prestamos especial atenção à contabilização exaustiva dos benefícios e custos privados e sociais do controlo destas emissões. A análise centra-se na interação do metano e do amoníaco com as políticas climáticas, energéticas e de saúde pública, incluindo a utilização potencial de compensações para as políticas de GEE ou de poluição atmosférica regional. O modelo foi concebido para fornecer aos decisores políticos uma ferramenta para compreender as relações técnicas e económicas, a fim de obter os benefícios da gestão das emissões atmosféricas e das descargas de resíduos provenientes da agricultura.

No resto deste documento, começamos por explicar os problemas de poluição atmosférica nas explorações leiteiras. Em seguida, descrevemos o modelo de processo integrado de gestão de estrume que constitui o núcleo da nossa análise. A descrição do modelo inclui uma descrição das emissões de base; tecnologias de controlo para o amoníaco e o metano; e a potencial produção de eletricidade, reduções de GEE e benefícios para a saúde que poderiam resultar da adoção de tecnologias de controlo. De seguida, utilizamos o modelo para avaliar diferentes opções políticas na Califórnia. Uma discussão dos resultados e planos futuros encerram o documento.

Alguns programas federais também podem fornecer financiamento de comparticipação de custos para digestores de metano, incluindo o Programa de Incentivos à Qualidade Ambiental (EQIP), o Programa de Subsídios à Inovação da Conservação (CIG) e o Programa de Segurança da Conservação (CSP) (NDESC2005).

2. Questões relacionadas com a poluição atmosférica nas explorações leiteiras

Metano

A decomposição do estrume animal, em condições anaeróbicas, produz metano. De acordo com a Agência de Proteção Ambiental dos Estados Unidos (EPA), em 2003, cerca de 545 milhões de toneladas de metano equivalente a CO_2 foram emitidas por actividades relacionadas com o homem nos Estados Unidos (U.S. EPA 2005b). Aproximadamente 28% destas emissões tiveram origem na indústria da criação de animais, incluindo a fermentação entérica e a gestão do estrume.2

A fermentação entérica, que é responsável por cerca de três quartos das emissões de metano provenientes da criação de animais, ocorre quando os micróbios no estômago de um animal ruminante convertem os alimentos em produtos digeríveis e criam metano como subproduto exalado. O resto das emissões de metano das explorações pecuárias provém da gestão do estrume (U.S. EPA 2005b),3 que representa cerca de 7% do total das emissões antropogénicas de metano nos Estados Unidos. O metano é produzido durante a decomposição anaeróbica do material orgânico no estrume. A produção de metano é particularmente elevada quando são utilizadas lagoas e tanques de retenção para a gestão do estrume líquido. Quando o estrume seco é depositado nos campos, as emissões de metano são muito menores.

A principal abordagem para controlar o metano emitido pelo estrume consiste em capturar o metano e depois queimar o biogás como forma de gerar eletricidade - para utilização na exploração agrícola e potencialmente para venda no mercado da eletricidade. A combustão do metano para a produção de eletricidade resulta em emissões de CO_2, outro importante GEE, mas a queima de 1 tonelada de metano (equivalente a 23 toneladas de CO_2 se for ventilado) produz apenas 2,75 toneladas de CO_2 e reduz significativamente as emissões de GEE da exploração agrícola. Além disso, a eletricidade gerada por esta atividade substitui outras formas de produção de eletricidade, incluindo combustíveis fósseis, e, por conseguinte, conduz potencialmente a uma redução líquida de GEE.

Vários sistemas de digestores de metano estão atualmente a ser utilizados em explorações leiteiras na Califórnia. Mais de 30 fábricas de lacticínios candidataram-se a subsídios da Comissão de Energia da Califórnia para a instalação de digestores de metano, e pelo menos uma dúzia de digestores já estão a funcionar (Sustainable Conservation 2005, 2006). Em fevereiro de 2006, estão disponíveis dados de avaliação para quatro centrais leiteiras

A fermentação entérica e a gestão do estrume contribuem com metano aproximadamente igual a 115 e

39 trigramas de emissões equivalentes de CO2 (TgCO2), respetivamente. Todas as emissões de GEE resultantes de actividades humanas totalizam 6.072 TgCO2 equivalentes (U.S. EPA 2005a, 2005b). que instalaram digestores de metano co-financiados pela Comissão de Energia da Califórnia: Blake's Landing, Castelanelli Bros., Cottonwood e Meadowbrook. A Tabela 1, compilada a partir de relatórios de avaliação de projectos (Western United Resource Development 2005a-d), resume a informação sobre estas centrais leiteiras e os seus digestores de metano.

Geralmente, uma fábrica de lacticínios com um digestor de metano pode gerar mais eletricidade do que aquela que consome. Assim, os potenciais benefícios financeiros para a exploração leiteira de um digestor de metano dependem da produção de eletricidade do digestor, da utilização de eletricidade na exploração e dos preços de retalho e dos créditos de regeneração da eletricidade. O benefício financeiro efetivo para a exploração leiteira da produção de um quilowatt de eletricidade com o digestor de metano varia entre o crédito líquido de produção e o preço de retalho da eletricidade (ponderado pelos volumes relativos de compensações de compra de eletricidade na exploração e créditos líquidos de produção).

Por exemplo, a fábrica de lacticínios Castelanelli Bros. reporta um consumo médio de energia agrícola e residencial de cerca de 56.736 quilowatts-hora (kWh)/mês, o que custaria cerca de $6.240 a uma taxa de retalho de $0.ii/kWh. Este montante representa a potencial poupança mensal de custos na fábrica de lacticínios com a utilização do digestor de metano, dada a capacidade suficiente para gerar esta quantidade de energia. Além disso, qualquer excedente de energia produzida poderia gerar receitas se pudesse ser vendido à rede por um preço positivo. O montante da compensação pela produção líquida ainda não está bem definido. As duas fábricas de lacticínios para as quais foi descrito o preço do crédito de regeneração (Castelanelli Bros. e Meadowbrook) sugerem que um crédito de regeneração de cerca de $0.06/kWh é realista.

Amoníaco

As operações de criação de animais produzem aproximadamente metade das emissões de amoníaco dos

EUA (cerca de 2,5 milhões de toneladas/ano),4 e as explorações leiteiras são responsáveis por pouco mais de 20% das emissões da criação de animais (U.S. EPA 2004a). A quantidade de emissões de amoníaco das explorações pecuárias depende da forma como os resíduos animais são geridos e varia substancialmente em função da concentração de amoníaco, da temperatura, do pH e do tempo de armazenamento dos resíduos antes de serem aplicados na terra como fertilizantes. As concentrações de amoníaco e, por conseguinte, as emissões tendem a ser mais elevadas com temperaturas e pH mais altos e mais baixas quando os resíduos são armazenados durante mais tempo antes da aplicação no solo.

Para reduzir as emissões de amoníaco, foram discutidas várias estratégias para diferentes fontes de emissões, incluindo instalações de alojamento de gado, instalações de armazenamento de estrume e aplicação de estrume no solo.5 Uma das abordagens mais eficazes para as instalações de alojamento é a utilização de filtros ou biofiltros para remover as emissões dos sistemas de exaustão da ventilação. Esses sistemas, que removem aproximadamente 74% das emissões totais a um custo relativamente baixo por animal, são o foco principal da nossa análise. A eficácia de outras abordagens (como a manipulação da dieta e a utilização de barreiras impermeáveis para impedir o movimento do ar para fora das instalações de alojamento dos animais) está atualmente a ser estudada. Estão a ser testadas outras abordagens centradas no armazenamento do estrume, incluindo a separação entre a urina e as fezes, a acidificação e a aplicação de aditivos para evitar a produção e volatilização de amoníaco.

Entre estas abordagens, a separação urina-fezes parece prometer as maiores reduções nas emissões de amoníaco. Estima-se que 35% das emissões totais de amoníaco são emitidas durante ou após a aplicação do estrume no solo. Estas emissões podem ser reduzidas se o estrume for injetado no solo ou se forem aplicados inibidores da urease ao estrume.

3. Modelo de gestão de resíduos animais a nível da exploração agrícola baseado em processos . *Estrutura do modelo*

Neste documento, desenvolvemos um modelo integrado para as emissões de metano e amoníaco provenientes de explorações pecuárias concentradas.6 A estrutura do modelo integrado inclui uma linha de base sem controlos de emissões e considera as emissões adicionais de várias estratégias de gestão de emissões para controlar o amoníaco e o metano, incluindo a produção de eletricidade e a recuperação de calor, bem como várias estratégias de controlo das emissões de amoníaco. O modelo destina-se a ser transparente e útil para a realização de uma análise comparativa.

As abordagens para reduzir as emissões de amoníaco discutidas neste parágrafo são todas descritas em maior detalhe na Iowa State University 2004.

O Conselho Nacional de Investigação (NRC) sugeriu que a utilização de uma abordagem de exploração modelo baseada em processos que incorpore restrições de "balanço de massas" para algumas das substâncias emitidas que suscitam preocupação, em conjunto com factores de emissão estimados para outras substâncias, pode ser uma alternativa útil à construção da exploração modelo da EPA (NRC 2003). No entanto, neste documento, utilizamos uma abordagem de fator de emissão para demonstrar o nosso conceito. Após uma calibração cuidadosa, este modelo concetual simples poderá ser útil para a análise de políticas e para identificar lacunas de dados e necessidades de investigação. Os resultados de abordagens mais sofisticadas baseadas em processos podem ser incorporados ou adoptados no modelo concetual integrado.

O modelo considera ainda os custos associados a estas estratégias e os seus benefícios, como o valor da produção de eletricidade, as receitas de créditos de GEE e os impactos na qualidade do ar (ozono e PM2.5). A Figura 1 enumera os componentes do modelo concetual e identifica os que estão atualmente disponíveis. O modelo é desenvolvido utilizando o software Analytical, que fornece uma representação gráfica das relações no modelo (Figura 2) e incorpora facilmente medidas quantitativas de incerteza. Esta última capacidade é particularmente importante devido à considerável incerteza e variabilidade associadas à estimativa dos factores de emissão, ao desempenho das tecnologias e aos custos das tecnologias de controlo.

. Emissões de referência

O modelo inclui estimativas das emissões de base de metano e amoníaco na ausência de controlos específicos8 . Estas estimativas variam em função das caraterísticas e da localização da exploração agrícola.

As emissões de metano resultam tanto da fermentação entérica como da decomposição de resíduos animais em condições anaeróbias. As caraterísticas dos animais e dos alimentos para animais têm um impacto significativo nas emissões de metano. Este documento centra-se nas emissões de metano das explorações leiteiras; no entanto, o modelo permite a fermentação entérica para seis tipos de animais: bovinos não leiteiros, bovinos leiteiros, suínos, ovinos, caprinos e equinos. Os factores de emissão de metano - que variam consoante a região em resultado das diferenças de temperatura e altitude - para a fermentação entérica por região foram obtidos a partir da AP-42 (U.S. EPA 1995).

A quantidade de metano produzida durante a decomposição dos resíduos é afetada pelo clima (temperatura e precipitação) e pelas condições (nível de oxigénio, teor de água, pH e disponibilidade de nutrientes) em que o estrume é gerido. O estrume decompõe-se mais rapidamente quando o clima favorece o crescimento bacteriano. Para sistemas de estrume líquido, a produção de metano aumenta com a temperatura. No nosso modelo atual, os factores de emissão de metano por região climática são obtidos a partir das Revised 1996IPCC *Guidelinesfor* National Greenhouse Gas Inventories (IPCC 1996).

Atualmente, alguns componentes são criados como espaços reservados. Planeamos aperfeiçoar os componentes do modelo e preencher as lacunas de dados à medida que a nossa investigação avança. Uma das vantagens deste modelo integrado é o facto de sermos capazes de identificar as necessidades de informação.

Os factores de emissão de amoníaco utilizados no modelo provêm de um estudo da EPA dos EUA (2004a) que desenvolveu factores de emissão de amoníaco por tipo de animal para 18 comboios de gestão de estrume. Zhang et al. (2005) estão a desenvolver um modelo de emissões de amoníaco baseado em processos.

Amoníaco. Opções de controlo

As emissões de amoníaco para a atmosfera são uma preocupação ambiental porque podem contribuir para o odor, a eutrofização das águas superficiais e a contaminação das águas subterrâneas com nitratos. As emissões de amoníaco também contribuem para a formação de partículas finas, que têm um impacto negativo na saúde animal e humana. As estratégias para reduzir as emissões de amoníaco incluem a prevenção da formação e volatilização do amoníaco, bem como a sua transmissão a favor do vento após a volatilização.

A Iowa State University (2004) fornece informações sobre os custos relativos e a eficácia de nove práticas de controlo do amoníaco (Figura 1). Por exemplo, as emissões de amoníaco podem ser reduzidas em 40-50% através da utilização de biofiltração na zona de alojamento dos animais. Ainda de acordo com o Estado de Iowa, os custos estimados da biofiltração para uma instalação de suínos de 700 cabeças do nascimento ao desmame são de US\$ 0,25 por leitão, amortizados ao longo de uma vida útil de 3 anos do biofiltro. No modelo, assume-se que este custo (\$0,25/animal) se aplica também a aplicações de biofiltração em explorações leiteiras.

Opções para a captura de metano e produção de eletricidade

Um sistema de recuperação de biogás é uma das três técnicas de gestão de estrume que podem ser utilizadas para capturar metano. (Os sistemas de recuperação de biogás, por vezes conhecidos como digestores anaeróbios, podem fornecer energia renovável e aliviar alguns dos problemas ambientais associados ao estrume proveniente de grandes explorações pecuárias.

Durante a digestão anaeróbia, as bactérias decompõem o estrume num ambiente sem oxigénio. Um dos produtos naturais da digestão anaeróbia é o biogás, que normalmente contém 60-70% de metano, 30-40% de CO_2 e vestígios de outros gases, com um valor de aquecimento combinado de 600 BTU por pé cúbico (enquanto o do gás natural é de cerca de 1.100 BTU por pé cúbico). Os sistemas de recuperação de biogás oferecem vários benefícios ambientais, incluindo o controlo de odores, a redução de GEE, o controlo de emissões de amoníaco e a proteção da qualidade da água.

Foram comercializados três tipos de sistemas de recuperação de biogás para a gestão do estrume. Estes sistemas variam desde a simples lagoa coberta até aos digestores mais complexos de fluxo de encaixe e de mistura completa. O sistema mais adequado depende da forma como o estrume é recolhido e do teor total de sólidos do estrume recolhido. Por exemplo, o sistema adequado

O teor total de sólidos destes três sistemas é de 0,5-3%, 3-10% e 11-13%, respetivamente (U.S. EPA 2002). Neste momento, o nosso modelo considera apenas o sistema de recuperação de biogás do digestor plug-flow. Outros sistemas de recuperação (digestores de lagoa coberta e de mistura completa) e outras tecnologias energéticas (gaseificação) serão acrescentados no futuro.

A quantidade de eletricidade gerada a partir do digestor plug-flow para recuperação de biogás depende da produção diária de estrume, do número de animais, do teor de sólidos do estrume, de um coeficiente fixo de produção de biogás, do teor de metano do biogás e da eficiência do gerador de eletricidade. Verificámos o modelo comparando a eletricidade gerada com base no nosso modelo com os números referidos na literatura. A nossa estimativa - 104 quilowatts (kW) para uma exploração com 1.000 vacas - está dentro da gama de valores relatados.

Desenvolvemos uma função de custo de capital utilizando dados recolhidos em quatro explorações leiteiras (Quadro 2). Primeiro convertemos o custo para dólares de 2004. Estimámos a função de custo utilizando a seguinte forma funcional:

Em que a variável dependente do lado esquerdo, y, é o custo médio por vaca e a variável do lado direito, r, é o número de vacas; a e b são parâmetros da função de custo. De facto, b é a estimativa da elasticidade da escala. No nosso caso, a estimativa do coeficiente b é igual a -0,76, o que significa que, por cada aumento de 1% na dimensão da exploração (em número de vacas), o custo médio do capital diminui 0,76%. Assumimos que a e b são normalmente distribuídos, utilizando as suas estimativas e erros padrão. Amortizámos o custo de capital assumindo uma taxa de juro composta de 7% e um período de vida de 20 anos. O custo anual de operação e manutenção foi assumido como sendo 20% do custo anual de capital por defeito e pode ser facilmente alterado no modelo.

O crédito de GEE foi calculado a partir da diferença entre as emissões de metano da linha de base (em equivalentes de CO_2) e as emissões de CO_2 da combustão do biogás (incluindo tanto o CO_2 do biogás como o CO_2 emitido pela combustão do metano do biogás). Como já foi referido, partimos do princípio de que o metano tem um potencial de aquecimento global 23 vezes superior ao do CO_2. Assumimos também que a combustão de 1 tonelada de metano produz 2,75 toneladas de CO_2. A receita do crédito de GEE é igual ao produto do número de créditos pelo preço do crédito.

Efeitos das emissões atmosféricas na saúde

Os impactos das operações agrícolas na qualidade do ar considerados no modelo incluem a redução das emissões associadas aos controlos do amoníaco e o aumento das emissões de NOx resultantes da combustão do biogás para a produção de eletricidade. O amoníaco é um precursor das PM2,5. Uma vez emitido, dependendo das condições ambientais, o amoníaco pode reagir com o ácido nítrico e transformar-se em nitrato de amónio, um poluente secundário. O NOx é um precursor tanto do ozono como das PM. Para avaliar o impacto na saúde das partículas e do ozono devido ao controlo do amoníaco e às novas emissões de NOx, temos de analisar o transporte das emissões e a química do ar, bem como as alterações nas exposições e os impactos na saúde humana.

A primeira tarefa requer o desenvolvimento de uma relação fonte-recetor de poluente, que é a quantidade de concentração de poluente secundário que mudará no local recetor como resultado de uma mudança nas emissões do poluente primário no local de origem. A segunda tarefa requer a estimativa das alterações na exposição e dos impactos na saúde relacionados, em resultado da alteração da exposição ao poluente secundário.

Para a primeira tarefa, o modelo atual requer relações fonte-recetor para o ozono em relação às emissões de NOx, PM2,5 em relação às emissões de NOx e PM2,5 em relação às reduções das emissões de amoníaco. Palmer et al. (2005) e Shih et al. (2004) quantificaram os coeficientes fonte-recetor a nível estatal para os dois primeiros, mas não conseguiram encontrar nenhum coeficiente fonte-recetor empírico a nível das explorações agrícolas. Assim, para o ozono no que respeita às emissões de NOx, calculamos a média dos coeficientes fonte-recetor de ozono de 8 horas na matriz de coeficientes fonte-recetor (para todo o domínio de estudo) como padrão no modelo atual. Fazemos o mesmo para PM2.5, utilizando uma matriz de coeficientes fonte-recetor de 24 horas.

Não foi possível localizar quaisquer coeficientes fonte-recetor para PM2.5 em relação ao controlo do amoníaco. A literatura oferece uma série de perspectivas sobre esta questão: alguns trabalhos argumentam que o controlo do amoníaco não tem qualquer efeito na concentração de PM2,5 (LADCO 2002) para uma região específica, enquanto outros estudos sugerem que o controlo do amoníaco tem efeitos positivos (Ehrisman e Schaap 2004). As diferenças entre estas conclusões dependem do facto de a região estudada ser ou não limitada pelo amoníaco. Estas diferenças na literatura sugerem a existência de uma enorme incerteza e variabilidade neste coeficiente entre diferentes regiões e locais.

Utilizamos um modelo de caixa simples para estimar o coeficiente fonte-recetor para PM2,5 em relação ao controlo do amoníaco. Assumimos que o amoníaco emitido reage completamente com o ácido nítrico para se tornar nitrato de amónio e que este nitrato de amónio é uniformemente misturado dentro da caixa (depois de considerar a deposição, porque as emissões das operações agrícolas tendem a estar perto do solo

Calculamos então a alteração média na concentração de nitrato de amónio dentro desta caixa devido a uma unidade de redução nas emissões de amoníaco. Dada a limitação de tempo e recursos, utilizamos a abordagem simples do modelo de caixa para produzir a estimativa do limite superior da PM2,5 em relação ao coeficiente fonte-recetor de amoníaco. Utilizamos então uma distribuição uniforme entre 0 e este limite superior para caraterizar este coeficiente no nosso modelo.

Para calcular os benefícios para a saúde, desenvolvemos coeficientes simples de benefícios para a saúde compostos para a exposição ao ozono e às PM2,5 utilizando o Tracking and Analysis Framework (TAF; ORNL1995). O coeficiente de benefícios para a saúde é definido como o benefício (em dólares) por alteração da concentração de poluentes per capita por ano. Os efeitos na saúde considerados incluem o número de dias de efeitos de morbilidade aguda de vários tipos, o número de casos de doenças crónicas e o número de vidas estatísticas perdidas. As funções de concentração-resposta dos poluentes são publicadas na literatura revista pelos pares, incluindo artigos epidemiológicos revistos nos Documentos de Critérios da EPA que, por sua vez, aparecem nas principais análises de custo-benefício da EPA (Palmer et al. 2005). Primeiro estimamos a mudança na concentração de poluentes num recetor multiplicando a redução de emissões da fonte pelo coeficiente fonte-recetor relevante. Em seguida, multiplicamos a mudança na concentração pelo coeficiente de benefício para a saúde e pela população exposta para obter a estimativa anual de benefício para a saúde.

Simulações de políticas e resultados

O modelo de avaliação integrada é utilizado para estudar as emissões atmosféricas da criação de animais e as suas consequências ambientais e para investigar potenciais políticas destinadas a melhorar o desempenho ambiental e económico da indústria. No programa de investigação em curso, investigamos dois tipos de políticas: políticas baseadas no desempenho, que exigiriam tecnologias ou práticas de gestão específicas, e políticas baseadas no mercado, que poderiam proporcionar incentivos económicos para reduzir as emissões. Algumas políticas envolveriam o serviço de extensão agrícola no seu papel tradicional de divulgação, educação e assistência técnica. Outras políticas poderiam exigir práticas obrigatórias. No entanto, todas as políticas que descrevemos envolvem a criação de

Em correspondência pessoal, o Professor Ted Russell do Instituto de Tecnologia da Geórgia, em Atlanta, indicou que este pressuposto não é estritamente correto, porque a reação é um equilíbrio e porque a quantidade de ácido nítrico na atmosfera é limitada, e o amoníaco não seria capaz de se converter em nitrato de amónio de uma forma totalmente eficiente (100%). O efeito deste pressuposto é sobrestimar o coeficiente fonte-recetor que serviria como limite superior para a redução de PM2,5 que resultaria da redução das emissões de amoníaco. Planeamos aperfeiçoar esta estimativa com um modelo de simulação tridimensional da qualidade do ar mais abrangente no futuro novos mercados que permitam aos operadores agrícolas internalizar os benefícios sociais de uma gestão mais eficiente.

Ilustramos o modelo explorando três políticas:

- a criação de créditos de GEE para contabilizar o benefício social da redução das emissões de metano,

- a criação de créditos de compensação PM2.5 para ter em conta o benefício social da redução das emissões de amoníaco, e

alargamento do sistema de contagem líquida de eletricidade para fornecer pagamentos financeiros às explorações agrícolas
operadores para o fornecimento de eletricidade à rede eléctrica.

Os parâmetros subjacentes ao modelo (por exemplo, população de operações agrícolas, temperatura e inventários de emissões de fundo) apresentam uma grande variabilidade e vários parâmetros do nosso modelo são muito incertos ou baseados em processos não lineares. No futuro, planeamos ter em conta esta variabilidade e incerteza utilizando métodos baseados em simulação, como a análise de Monte Carlo. Para ilustrar o modelo neste documento, baseamo-nos principalmente em valores intermédios para muitos parâmetros, muitas vezes errando intencionalmente em escolhas cautelosas que podem subestimar os benefícios potenciais das opções políticas, em parte para evitar enviesamentos devidos a caraterísticas omitidas do problema neste momento. Variamos dois parâmetros fundamentais para dar uma ideia da potencial sensibilidade dos resultados.

PoZículas de GEE

Há duas vias que permitem evitar as emissões de gases com efeito de estufa: a alteração das práticas de gestão (incluindo a modificação da dieta e a captura de metano) e a utilização do subproduto metano para a produção de eletricidade. A alteração das práticas de gestão poderia ser imposta por decreto, mas o ónus regulamentar da sua aplicação seria enorme e o impacto económico no sector agrícola seria grave. Uma abordagem baseada no mercado poderia conduzir a uma escolha tecnológica mais eficiente, com muito menos custos para o governo e com benefícios económicos positivos para o sector.

Modelamos uma política baseada no mercado que prevê o pagamento de compensações de emissões no âmbito de programas de limitação e comércio de GEE. Um desses programas de limitação e comércio está em vigor na União Europeia, outro foi aprovado em sete estados do nordeste dos Estados Unidos e outros estão a ser considerados na Califórnia e noutros locais, bem como a nível federal.io De várias formas, espera-se que estes programas permitam a utilização de créditos de compensação atribuídos a emissões reduzidas para além das emissões das fontes diretamente reguladas pelo programa. Um princípio desta abordagem é que as compensações se qualificam apenas para reduções de emissões que não teriam acontecido de qualquer forma (por exemplo, as que são adicionais às leis   ,

regulamentos ou práticas actuais). Uma caraterística fundamental dos programas de compensação

é a documentação das emissões de referência e a certificação de mudanças nas práticas que levariam a reduções de emissões. Para este efeito, o modelo calcula as emissões na linha de base (na ausência de uma política), bem como as alterações em várias políticas e estratégias de gestão.

No nosso caso central, modelamos uma prática de gestão específica utilizando um digestor plug-flow para uma exploração agrícola com 500 cabeças que opera num clima quente como a Califórnia. Consideramos créditos de compensação avaliados em $ii/tonelada de CO_2 equivalente. Este valor é o ponto médio dos valores que podem surgir com base na política atual.ii Com a criação de um mercado de compensação para estas reduções de emissões, o valor económico de evitar reduções adicionais em instalações reguladas ao abrigo do limite de emissões flui para o operador da exploração agrícola. A produção de eletricidade com o metano capturado leva a emissões residuais de CO_2, que são contabilizadas nas reduções líquidas de emissões.

Os custos do digestor que contabilizamos incluem os custos de instalação e de funcionamento e de um gerador que queima o metano para produzir eletricidade, mas não incluem os custos de oportunidade, como a utilização alternativa da terra para o digestor. O valor da eletricidade depende da sua potencial utilização na exploração agrícola ou para revenda na rede. O facto de os produtores independentes de energia poderem realizar o valor da venda de volta à rede depende de as empresas de distribuição pagarem ou não pela energia. As políticas de contagem líquida exigem o pagamento aos produtores independentes de eletricidade a um custo evitado. Assumimos que o operador da exploração agrícola não tem acesso a este sistema

As licenças de emissão no âmbito do regime de comércio de licenças de emissão da UE são atualmente comercializadas a cerca de 30 dólares por tonelada métrica de CO2. O Memorando de Entendimento da Iniciativa Regional sobre os Gases com Efeito de Estufa para o nordeste dos Estados Unidos inclui um preço de desencadeamento de 10 dólares por tonelada curta para expandir o mercado de compensação de modo a incluir estados fora da região

No nosso caso central e variando esta caraterística na análise de sensibilidade.12 Na ausência de uma política de contagem líquida, o operador da exploração agrícola pode captar apenas o valor da eletricidade na exploração agrícola - equivalente à compra deslocada da rede - mas a capacidade extra de produção de eletricidade não é utilizada. Assumimos um valor ponderado de $0.06/kWh para a eletricidade produzida.13 Além disso, notamos que a produção de eletricidade resulta num aumento das emissões de NOx, que é um precursor das partículas e do ozono. O custo social do aumento de NOx é contabilizado abaixo.

Relata que a captura de metano para a produção de eletricidade numa exploração agrícola com 500 cabeças num clima quente impõe custos anuais de 31.350 dólares. As poupanças de eletricidade na exploração agrícola totalizam cerca de 27 380 dólares, o que não é suficiente para justificar o investimento. No entanto, as receitas adicionais dos créditos de compensação de GEE renderiam $6.014, o que é suficiente para alterar o equilíbrio e produzir benefícios económicos líquidos de $2.oi4/ano.

Um aspeto importante da estrutura de incentivos de um mercado de compensação de GEE que se torna evidente no modelo de avaliação integrada é a consequência da alteração da dieta. Não modelamos compensações para a gestão da dieta, embora esse crédito possa ser atrativo. No entanto, notamos que as mudanças na dieta afectariam a produção final de metano. Se o operador da exploração agrícola receber o pagamento de compensações pela captura de metano do estrume, o operador não teria incentivo para alterar a dieta para reduzir o metano entérico, porque essa alteração também reduziria a quantidade de metano disponível para captura do estrume. De facto, uma consequência não intencional do mercado de compensação de GEE associado à captura de metano para a produção de eletricidade poderá ser o aumento do metano entérico, bem como do metano no estrume. As políticas poderão ter de associar estas práticas de gestão, talvez tornando os aspectos da gestão alimentar um pré-requisito para os créditos de GEE atribuídos pela captura de metano do estrume.

A produção de eletricidade cria outra fonte potencial de valor externa ao mercado da eletricidade que não está incluída neste exemplo. Na presença de um programa de limitação e transação de CO2,

Uma lei da Califórnia aprovada em 2002 incentiva a contagem líquida para as explorações agrícolas que utilizam digestores (Gaura 2004). A PG&E ofereceu uma política limitada de contagem líquida para instalações de biogás chamada NEMBIO, que ficou disponível em agosto de 2003. Inicialmente, esta oportunidade está disponível para as explorações que produzem menos de 1 MW e está limitada a 5 MW das primeiras explorações que se candidatam (por ordem de chegada). Em 2005, o projeto de lei Assembly 729 alargou estes limites para autorizar até três digestores com até 10 MW de capacidade a serem elegíveis para net metering, e o limite máximo do total de digestores de biogás elegíveis para net metering foi alargado para 50 MW (DSIRE 2005).

Com base em   estatísticas representativas   ,   calculamos que cerca de 54%

da eletricidade potencialmente gerada seria utilizada na exploração agrícola, substituindo as compras de eletricidade a retalho que, em média, são de $0,ii/kWh para os clientes agrícolas na Califórnia. O restante potencial de produção não seria utilizado. Assim, o valor ponderado da eletricidade, na ausência de contagem líquida, é de $0,06/kWh.

A produção de eletricidade pode qualificar-se para créditos de compensação adicionais associados às emissões evitadas das centrais eléctricas alimentadas a combustíveis fósseis. As emissões evitadas não são equivalentes às emissões médias da eletricidade na rede. Em vez disso, a medida adequada é a alteração na produção noutras instalações em resultado da eletricidade produzida a partir do metano. Para identificar esta medida com confiança, é necessário resolver um modelo de mercado de eletricidade, que é uma componente do nosso projeto de investigação em curso. Para uma aproximação, pode ser razoável assumir que as emissões deslocadas provêm de uma instalação alimentada a gás, porque o gás natural é tipicamente a tecnologia de produção marginal, especialmente na Califórnia. Um atalho para os reguladores poderá ser associar as emissões evitadas à fonte de produção evitada que determina o pagamento ao abrigo de um programa de contagem líquida. De qualquer forma, essa fonte potencialmente substancial de receita de crédito de GEE não está incluída nos resultados apresentados acima.

. Políticas relacionadas com o amoníaco e as partículas finas

A emissão de amoníaco, que é um precursor das PM2,5, causa um segundo efeito externo. As práticas de gestão poderiam reduzir as emissões de amoníaco, mas com um custo para o operador da exploração. Uma forma de proporcionar um incentivo positivo para melhorar a gestão seria contabilizar a redução de PM2,5 associada à redução das emissões de amoníaco. As emissões de NOx e dióxido de enxofre (SO2), reguladas diretamente através de vários programas, são precursores importantes de PM2.5, mas requerem amoníaco para a conversão em PM2.5. Em áreas que não estão a cumprir as Normas Nacionais de Qualidade do Ar Ambiente, qualquer nova fonte deve obter compensações de reduções de emissões noutra fonte. Essas compensações têm um valor económico potencialmente significativo, que varia entre centenas de dólares e dezenas de milhares de dólares por tonelada, dependendo do distrito de gestão da qualidade do ar e variando de ano para ano devido a alterações nas condições económicas locais e outros factores.

Consideramos a criação de créditos de compensação para o amoníaco nos distritos não atingidos na Califórnia. Utilizando o modelo, resolvemos as alterações esperadas nos efeitos na saúde devido a reduções nas PM2.5 e aumentos no ozono que provavelmente ocorreriam se as reduções de amoníaco fossem alcançadas. As reduções de emissões seriam conseguidas através da utilização de biofiltros, que impõem um custo de \$i2o/ano. A Tabela 3 indica que os benefícios das PM2,5 seriam substanciais (\$i4,7i2/ano no nosso caso central) e dominariam a alteração no ozono. O benefício líquido desta estratégia de gestão seria de

\$14,592/year.

Incertezas importantes

Já foram reveladas numerosas incertezas na nossa modelação preliminar. Uma variável importante é a disponibilidade de contagem líquida e o preço do crédito de produção líquida. Na análise principal, assumimos que a produção líquida de eletricidade não é recompensada financeiramente. Se, em vez disso, assumirmos que a exploração agrícola pode vender o seu excedente de eletricidade à rede eléctrica a \$0,06 por kWh, então os benefícios líquidos anuais no nosso caso central aumentam de \$16.606 para \$28.936.

O clima (temperatura) no local da exploração afecta as emissões de metano e amoníaco na ausência de estratégias de controlo. A Tabela 3 indica que as diferenças entre climas frios e quentes fazem com que os benefícios líquidos da estratégia de gestão de compensação de GEE (incluindo a produção de eletricidade) para uma exploração agrícola com 500 cabeças variem entre \$11.040 e \$16.606.

Uma das considerações políticas mais importantes é a dimensão da exploração. Caracterizamos uma gama de tamanhos, de 400 a 1.000 cabeças. Esta gama oferece oportunidades para que os benefícios líquidos variem quase uma ordem de grandeza. Para uma exploração agrícola com 1.000 cabeças num clima quente, os benefícios anuais podem totalizar 58.754 dólares.

De um ponto de vista científico, um item com grande incerteza nesta análise é a caraterização da dispersão atmosférica do amoníaco e a sua contribuição final para a formação de partículas. Os valores relevantes variam significativamente consoante a geografia e a região do país, com pressupostos sobre a poluição de fundo, etc. No entanto, a contabilização adequada das reduções de amoníaco como créditos de compensação para as reduções de partículas associadas poderia oferecer benefícios económicos significativos para a exploração agrícola e também benefícios sociais significativos.

Discussão

A indústria da criação de animais é um dos principais emissores de metano (um importante GEE) e amoníaco (um precursor de PM2.5, indiscutivelmente a principal ameaça à saúde pública relacionada com o ambiente que a nação enfrenta). Existem tecnologias disponíveis para reduzir drasticamente estas emissões, mas a sua adoção pelas explorações leiteiras tem sido limitada.

Neste documento, exploramos políticas baseadas no mercado para fornecer aos operadores agrícolas incentivos financeiros para a adoção de tecnologias de controlo das emissões de metano e amoníaco. Desenvolvemos e demonstramos um modelo de processo integrado de operações leiteiras. São exploradas três opções de políticas: Créditos de compensação de GEE para o metano, créditos de compensação de PM para o amoníaco e políticas de medição líquida alargadas para proporcionar receitas para a venda de eletricidade gerada a partir do metano. Consideradas individualmente, qualquer uma destas políticas parece ser suficiente para proporcionar o incentivo económico necessário para que os operadores agrícolas reduzam as emissões. A magnitude do benefício depende da escala do sistema, da localização da exploração (i.e., região climática específica) e da tecnologia adotada, bem como de pressupostos importantes do modelo relativamente aos coeficientes fonte-recetor de amoníaco para PM. Relatamos os passos iniciais para desenvolver completamente o modelo de processo integrado para fornecer orientação aos formuladores de políticas.

Em trabalhos futuros, planeamos explorar caraterísticas adicionais das políticas aqui discutidas. Pretendemos ligar o modelo a um modelo de despacho do sector elétrico da Califórnia para estimar as emissões de CO_2 deslocadas pela expansão da produção a partir de digestores de metano. Também planeamos explorar o efeito da expansão destas operações e da utilização de digestores de várias explorações e dos custos de transporte associados. Poderemos também desenvolver um modelo de otimização para a localização de uma instalação energética deste tipo, tendo em conta os custos e benefícios ambientais e a integração na rede eléctrica existente. Os coeficientes fonte-recetor ao nível da exploração agrícola para locais específicos poderiam afetar os nossos resultados de estimativa, pelo que esta questão merece uma investigação mais aprofundada. Finalmente, poderíamos alargar o modelo integrado, considerando uma componente de impacto na qualidade da água. Espera-se que esta investigação forneça informações adicionais sobre a forma de reduzir os encargos financeiros do sector agrícola para melhorar a produtividade e a qualidade ambiental.

Fontes. Research Triangle Park, NC: Gabinete de Planeamento e Normas da Qualidade do Ar, Gabinete do Ar e da Radiação, 14.4

MÉTODOS DE CONTROLO

- Método de controlo das emissões de amoníaco*

    o Manipulação da dieta

    o Filtração e biofiltração*

    o Coberturas impermeáveis

    o Coberturas permeáveis o Separação entre urina e fezes

    o Acidificação

o Aditivos

o Controlo da aplicação no solo

o Emendas de estrume

- Tecnologia de produção de metano e de recuperação de energia*

o Lagoa coberta

o Digestor de fluxo fechado*

o Digestor de mistura completa

o Gaseificador

o Produção de eletricidade a partir de turbinas a gás*

- Custo do controlo do amoníaco*

- Custo de produção de eletricidade a partir de metano*

- Economia de custos de recuperação de calor

- Receitas de créditos de GEE*

- Externalidade da qualidade do ar*

o PM2.5 em relação ao controlo das emissões de amoníaco*

o PM2,5 em relação às emissões de NOx da instalação de recuperação de energia*

o Ozono em relação às emissões de NOx da instalação de recuperação de energia*

CAPÍTULO 5: POLUIÇÃO DAS ÁGUAS SUPERFICIAIS PELA PRODUÇÃO ANIMAL

A gestão incorrecta dos resíduos animais (estrume) pode causar a poluição das águas superficiais e subterrâneas.

descarga direta, escoamento e/ou infiltração de poluentes nas águas superficiais ou subterrâneas.

Os poluentes são os sedimentos, os nutrientes, os pesticidas, a matéria orgânica, os sais e os microrganismos.

As águas superficiais poluídas podem matar peixes, causar odores, espalhar bactérias infecciosas e inibir as actividades relacionadas com a água.

Os principais poluentes animais nas águas de superfície

- Matéria orgânica e excesso de nutrientes

- Contaminação por agentes patogénicos

Matéria orgânica e excesso de nutrientes

O estrume animal utilizado corretamente pode melhorar a fertilidade e a fertilidade do solo, aumentar a capacidade de retenção de água do solo e reduzir a erosão eólica e hídrica. No entanto, pode ocorrer poluição das águas superficiais e subterrâneas se as aplicações de estrume forem mal geridas.

Os resíduos da pecuária contêm nutrientes e matéria orgânica. A vida aquática depende da decomposição da matéria orgânica para obter fontes primárias e secundárias de alimento.

Há, no entanto, um limite para a quantidade de material orgânico aceitável no ambiente aquático.

Demasiadas matérias orgânicas produzem águas muito coloridas e turvas, com forte acumulação de lamas no fundo. O excesso de nutrientes (especialmente fósforo e azoto) transportados pela matéria orgânica pode produzir um crescimento excessivo de algas e ervas daninhas nas águas superficiais.

Quando as condições são propícias, podem mesmo surgir florescências de algas azuis-verdes tóxicas.

A oxidação do material orgânico pode causar uma tal redução do oxigénio dissolvido que os peixes e outros seres aquáticos não conseguem sobreviver. As possíveis fontes de dejectos animais nas águas de superfície incluem o escoamento do confinamento, o escoamento do estrume, o depósito direto dos animais e os sistemas sépticos.

Contaminação por agentes patogénicos

Um agente patogénico é um microrganismo causador de doenças. A possível contaminação da água por agentes patogénicos é determinada através da utilização de indicadores biológicos. O teste de coliformes fecais é o indicador biológico mais comummente utilizado. Os coliformes fecais são bactérias intestinais que se encontram apenas em mamíferos e aves. Os coliformes fecais não se encontram nos solos, na vegetação, nos insectos ou nos peixes, a não ser que estejam contaminados por

fezes de mamíferos ou de aves. Não são necessariamente nocivas, mas indicam a presença potencial de outros organismos causadores de doenças mais graves. As bactérias fecais entram nas águas de superfície por depósito direto de fezes e por movimento com sedimentos no escoamento superficial.

Os organismos podem ser dispersos, não dispor de ambiente adequado e morrer, ou podem encontrar condições suficientes para sobreviver a longo prazo nas lamas de fundo ou nos solos das margens do lago. A sua sobrevivência depende da temperatura da água, do solo e do ar; da dimensão e do caudal do lago; do volume dos sedimentos; da disponibilidade de nutrientes e de matéria orgânica; da quantidade de luz; do tipo de solo; do pH e de outros factores.

As variações sazonais no número de bactérias podem ser extremas, dependendo dos volumes de escoamento, temperatura, atividade animal, cobertura do solo e luz solar. A fonte original de bactérias fecais nas águas de superfície é o gado, os animais selvagens, as aves e os transbordos de fossas sépticas rurais. Consequentemente, para reduzir o número de coliformes fecais, é necessário controlar o contacto do gado com as águas superficiais e o escoamento das águas superficiais a partir de áreas tratadas com estrume, bem como corrigir os sistemas sépticos inadequados na orla costeira.

Melhores práticas de gestão para o controlo da poluição das águas superficiais causada pelo gado:

- Vedar a entrada de animais em zonas ribeirinhas situadas junto a águas de superfície. A água de lagos e riachos pode ser utilizada para fins pecuários através de canalização para instalações de retenção de água aprovadas, como tanques ou bombas nasais.

Manter faixas de proteção de relva perto de águas de superfície.

Proporcionar um tampão de relva entre as águas de superfície, as pastagens e as terras de cultivo.

- Considerar a utilização de tanques de retenção ou lagoas para a recolha de águas de escoamento/resíduos das instalações de confinamento.

- Gerir o estrume e/ou os efluentes de lagoas aplicados nas terras de cultivo. Não aplicar estrume ou efluentes de lagoas em solos congelados ou em terrenos susceptíveis de escorrer ou lixiviar.

Desenvolver e seguir um plano de gestão de nutrientes adequado com base em testes de fertilidade do solo e na produção vegetal.

- Prevenir o sobrepastoreio de pastagens e de prados através do pastoreio rotativo.

- Reduzir o escoamento das terras agrícolas através de práticas de plantio direto ou de plantio direto.

Muitas das melhores práticas de gestão ou bmps acima enumeradas podem ser partilhadas através do Projeto de Melhoria e Proteção dos Lagos Glaciares do Nordeste ou dos parceiros do projeto: U.S. Fish and Wildlife Service, South Dakota Department of Game, Fish, and Parks e Natural Resources Conservation Service. As bacias hidrográficas visadas na área do projeto incluem:

Barragem de Amsden, Blue Dog Lake, Enemy Swim Lake, Minnewasta Lake, Pickerel Lake e Pierpont Dam situados no condado de Day Buffalo Lakes, Clear Lake, Nine Mile Lake, Red Iron Lake e White Lake Dam situados no condado de Marshall Big Stone Lake e Lake Traverse situados no condado de Roberts

PAPEL DOS EFECTIVOS PECUÁRIOS NO ESGOTAMENTO E POLUIÇÃO DA ÁGUA

Questões e tendências

A água representa pelo menos 50 por cento da maioria dos organismos vivos e desempenha um papel fundamental no funcionamento do ecossistema. É também um recurso natural crítico mobilizado pela maioria das actividades humanas.

É reabastecido através do ciclo natural da água. O processo de evaporação, principalmente a partir dos oceanos, é o principal mecanismo que suporta a parte do ciclo que vai da superfície à atmosfera. A evaporação regressa ao oceano e às massas de água sob a forma de precipitação (US Geological Survey, 2005a; Xercavins e Valls, 1999).

Os recursos de água doce fornecem uma vasta gama de bens, como água potável, água para irrigação ou água para fins industriais, e serviços, como energia para produção de hidroeletricidade e apoio a actividades recreativas, a um conjunto muito diversificado de grupos de utilizadores.

Os recursos de água doce são o pilar que sustenta o desenvolvimento e mantém a segurança alimentar, os meios de subsistência, o crescimento industrial e a sustentabilidade ambiental em todo o mundo (Turner *et al.*, 2004)

No entanto, os recursos de água doce são escassos. Apenas 2,5 por cento de todos os recursos hídricos são de água doce. Os oceanos representam 96,5 por cento e a água salobra cerca de 1 por cento. Em termos de peles, 70 por cento de todos os recursos de água doce estão encerrados nos glaciares, na neve permanente (calotes polares, por exemplo) e na atmosfera (Dompka, Krchnak e Thorne, 2002; UNES-CO, 2005). 110 000 km3 de água doce caem anualmente sobre a Terra sob a forma de precipitação, dos quais 70 000 km3 se evaporam imediatamente para a atmosfera. Dos 40 000 km3 restantes, apenas 12 500 km3 são acessíveis para utilização humana (Postel, 1996).

Os recursos de água doce estão distribuídos de forma desigual a nível mundial. Mais de 2,3 mil milhões de pessoas em 21 países vivem em bacias com stress hídrico (com 1 000 a 1 700 m3 por pessoa e por ano). Cerca de 1,7 mil milhões de pessoas vivem em bacias em condições de escassez (com menos de 1 000 m3 por pessoa por ano) - ver Mapa 28, Anexo 1 (Rosegrant, Cai e Cline, 2002; Kinje, 2001; Bernstein, 2002; Brown, 2002). Mais de mil milhões de pessoas não têm acesso suficiente a água potável. Grande parte do crescimento da população humana mundial e da expansão agrícola está a ocorrer em regiões com escassez de água.

A disponibilidade de água sempre foi um fator limitativo das actividades humanas, em especial da agricultura, e o nível crescente de procura de água é uma preocupação crescente. As captações excessivas e a má gestão dos recursos hídricos resultaram na diminuição dos lençóis freáticos, na deterioração dos solos e na redução da qualidade da água em todo o mundo. Como consequência direta da falta de uma gestão adequada dos recursos hídricos, vários países e regiões enfrentam um esgotamento contínuo dos recursos hídricos (Rosegrant, Cai e Cline, 2002).

A extração de água doce desviada dos rios e bombeada dos aquíferos foi estimada em 3 906 km3 em 1995 (Rosegrant, Cai e Cline, 2002). Parte desta água regressa ao ecossistema, embora a poluição dos recursos hídricos seja acelerada pela descarga crescente de águas residuais nos cursos de água. De facto, nos países em desenvolvimento, 90-95% das águas residuais públicas e 70% dos resíduos industriais são descarregados nas águas superficiais sem tratamento (Bernstein, 2002).

O sector agrícola é o maior utilizador de recursos de água doce. Em 2000, a agricultura foi responsável por 70% da utilização da água e por 93% do esgotamento da água a nível mundial (ver Quadro 4.1) (Turner *et* al., 2004). A área irrigada multiplicou-se quase cinco vezes ao longo do último século e em 2003 ascendia a 277 milhões de hectares (FAO, 2006b). No entanto, nas últimas décadas, o crescimento da utilização dos recursos hídricos para fins domésticos e industriais tem sido mais rápido do que para a agricultura. De facto, entre 1950 e 1995, as captações para fins domésticos e industriais quadruplicaram, enquanto que para fins agrícolas apenas duplicaram (Rosegrant, Cai e Cline, 2002). Atualmente, as pessoas consomem 30-300 litros por pessoa por dia para fins domésticos, enquanto são necessários 3 000 litros por dia para cultivar os seus alimentos diários (Turner et al., 2004).

Um dos principais desafios do desenvolvimento agrícola atual é manter a segurança alimentar e aliviar a pobreza sem esgotar ainda mais os recursos hídricos e danificar os ecossistemas (Rosegrant, Cai e Cline, 2002)

A ameaça de uma escassez crescente

As projecções sugerem que a situação se agravará nas próximas décadas, levando possivelmente a um aumento dos conflitos entre utilizações e utilizadores. Num cenário de "manutenção do status quo" (Rosegrant *et al.*, 2002), prevê-se que a captação global de água aumente 22% para 4 772 km^3 em 2025.

Este aumento será impulsionado principalmente pelas utilizações domésticas, industriais e pecuárias; estas últimas registam um crescimento de mais de 50%. Prevê-se que o consumo de água para utilizações não agrícolas aumente 62% entre 1995

Utilização e esgotamento da água por sector e 2025. A utilização de água para irrigação, no entanto, aumentará apenas 4% durante esse período. O maior aumento da procura de água para irrigação está previsto para a África Subsariana e a América Latina, com 27% e 21%, respetivamente; ambas as regiões têm atualmente uma utilização limitada da irrigação (Rosegrant, Cai e Cline, 2002).

Como consequência direta do aumento esperado da procura de água, Rosegrant, Cai e Cline (2002) projectaram que, até 2025, 64% da população mundial viverá em bacias com escassez de água (contra os actuais 38%). Uma avaliação recente do Instituto Internacional de Gestão da Água (IWMI) prevê que, até 2023, 33% da população mundial (1,8 mil milhões de pessoas) viverá em zonas de escassez absoluta de água, incluindo o Paquistão, a África do Sul e grandes partes da Índia e da China (IWMI, 2000).

A crescente escassez de água é suscetível de comprometer a produção alimentar, uma vez que a água terá de ser desviada da utilização agrícola para fins ambientais, industriais e domésticos (IWMI, 2000). No cenário "business as usual" acima referido, a escassez de água pode causar uma perda de produção potencial de 350 milhões de toneladas de alimentos, quase igual à atual produção total de cereais dos Estados Unidos (364 milhões de toneladas em 2005) (Rosegrant, Cai e Cline, 2002; FAO, 2006b). Os países em situação de escassez absoluta de água terão de importar uma parte substancial do seu consumo de cereais, enquanto os países incapazes de financiar essas importações serão ameaçados pela fome e pela subnutrição (IWMI, 2000).

Mesmo os países com recursos hídricos suficientes terão de expandir o seu abastecimento de água para fazer face ao aumento da procura. Existe uma preocupação generalizada de que muitos países, especialmente na África Subsaariana, não terão a capacidade financeira e técnica necessária (IWMI, 2000).

Os recursos hídricos estão ameaçados de outras formas. A utilização inadequada dos solos pode reduzir o abastecimento de água, reduzindo a infiltração, aumentando o escoamento superficial e limitando a reposição natural dos recursos hídricos subterrâneos e a manutenção de caudais adequados nos cursos de água, especialmente durante as estações secas. A utilização incorrecta dos solos pode condicionar gravemente o acesso futuro aos recursos hídricos e pode ameaçar o bom funcionamento dos ecossistemas. Os ciclos da água são ainda mais afectados pela desflorestação, um processo em curso ao ritmo de 9,4 milhões de hectares por ano, de acordo com a última avaliação da FAO (FAO, 2005a).

A água também desempenha um papel fundamental no funcionamento dos ecossistemas, actuando como meio e/ou reagente de processos bioquímicos. O esgotamento afectará os ecossistemas ao reduzir a disponibilidade de água para as espécies vegetais e animais, induzindo uma mudança para ecossistemas mais secos. A poluição também afectará os ecossistemas, uma vez que a água é um veículo para numerosos agentes poluentes. Consequentemente, os poluentes têm um impacto não só a nível local, mas também em vários ecossistemas ao longo do ciclo da água, por vezes longe das fontes iniciais.

Entre os vários ecossistemas afectados pelas tendências de esgotamento da água, os ecossistemas de zonas húmidas estão especialmente em risco. Os ecossistemas das zonas húmidas são os habitats com maior diversidade de espécies do planeta e incluem lagos, planícies aluviais, pântanos e deltas. Os ecossistemas fornecem uma vasta gama de serviços e bens ambientais, avaliados globalmente em 33 biliões de dólares, dos quais 14,9 biliões de dólares são fornecidos pelas zonas húmidas (Ramsar, 2005). Estes serviços incluem o controlo de cheias, o reabastecimento de águas subterrâneas, a estabilização da linha costeira e a proteção contra tempestades, a regulação de sedimentos e nutrientes, a mitigação das alterações climáticas, a purificação da água, a conservação da biodiversidade, o lazer, o turismo e as oportunidades culturais. No entanto, os ecossistemas das zonas húmidas estão sob grande ameaça e sofrem com a extração excessiva, a poluição e o desvio dos recursos hídricos. Estima-se que 50% das zonas húmidas mundiais tenham desaparecido no último século (IUCN, 2005; Ramsar, 2005).

Os impactos do sector pecuário nos recursos hídricos não são muitas vezes bem compreendidos pelos decisores. O foco principal é normalmente o segmento mais óbvio da cadeia de produtos pecuários: a produção a nível das explorações. Mas a utilização global da água[1] direta ou indiretamente pelo sector pecuário é frequentemente ignorada. Da mesma forma, a contribuição do sector pecuário para o esgotamento da água[2] centra-se principalmente na contaminação da água por estrume e resíduos.

Este capítulo tenta fornecer uma visão abrangente do papel do sector pecuário na questão do esgotamento dos recursos hídricos. Mais especificamente, forneceremos estimativas quantitativas da utilização da água e da poluição associadas aos principais segmentos da cadeia de produção de alimentos para animais.

Analisaremos também, sucessivamente, a contribuição da pecuária para o fenómeno da poluição da água e da evapotranspiração e o seu impacto no processo de reconstituição dos recursos hídricos através de uma utilização inadequada dos solos. A última secção propõe opções técnicas para inverter estas tendências de esgotamento da água.

Utilização da água

A utilização de água pela pecuária e a sua contribuição para as tendências de esgotamento da água são elevadas e estão a aumentar. É necessária uma quantidade crescente de água para satisfazer as necessidades crescentes de água no processo de produção animal, desde a produção de alimentos para animais até ao fornecimento de produtos.

Bebidas e serviços

A utilização da água para beber e servir os animais é a procura mais óbvia de recursos hídricos relacionados com a produção animal. A água representa 60 a 70 por cento do peso corporal e é essencial para os animais manterem as suas funções fisiológicas vitais. Os animais satisfazem as suas necessidades de água através da água potável, da água contida nos alimentos para animais e da água metabólica produzida pela oxidação dos nutrientes. A água é perdida do corpo através da respiração (pulmões), da evaporação (pele), da defecação (intestinos) e da micção (rins). As perdas de água aumentam com temperaturas elevadas e baixa humidade (Pallas, 1986; National Research Council, 1994, National Research Council, 1981). A redução da ingestão de água resulta numa menor produção de carne, leite e ovos. A privação de água resulta rapidamente numa perda de apetite e de peso, com a morte a ocorrer após alguns dias, quando o animal perdeu entre 15 a 30 por cento do seu peso.

Em sistemas de pastoreio extensivo, a água contida nas forragens contribui significativamente para satisfazer as necessidades hídricas. Em climas secos, o teor de água das forragens diminui de 90 por cento durante a estação de crescimento para cerca de 10 a 15 por cento durante a estação seca (Pallas, 1986). Os alimentos secos ao ar, os grãos e os concentrados normalmente distribuídos nos sistemas de produção industrializados contêm muito menos água: cerca de 5 a 12 por cento do peso dos alimentos (National Research Council, 2000, 1981). A água metabólica pode fornecer até 15 por cento das necessidades de água.

Uma vasta gama de factores inter-relacionados influenciam as necessidades de água, incluindo: a espécie animal; a condição fisiológica do animal; o nível de ingestão de matéria seca; a forma física da dieta; a disponibilidade e qualidade da água; a temperatura da água oferecida; a temperatura ambiente e o sistema de produção (National Research Council, 1981; Luke, 1987). As necessidades de água por animal podem ser elevadas, especialmente para animais altamente produtivos em condições quentes e secas

A produção animal, especialmente nas explorações industrializadas, também necessita de água de serviço - para limpar as unidades de produção, para lavar os animais, para arrefecer as instalações, os animais e os seus produtos (leite) e para a eliminação de resíduos (Hutson *et al.*, 2004; Chapagain e Hoekstra, 2003). Em particular, os porcos necessitam de muita água quando são mantidos em "sistemas de lavagem[3] "; neste caso, as necessidades de água de serviço podem ser sete vezes superiores às necessidades de água potável. Embora os dados sejam escassos, o Quadro 4.3 dá algumas indicações sobre estas necessidades de água. As estimativas não têm em conta as necessidades de arrefecimento, que podem ser significativas.

Os sistemas de produção diferem normalmente na utilização de água por animal e na forma como estas necessidades são satisfeitas. Nos sistemas extensivos, o esforço despendido pelos animais em busca de alimentos e água aumenta consideravelmente a necessidade de água, em comparação com os sistemas industrializados onde os animais não se deslocam muito. Em contrapartida, a produção intensiva tem necessidades adicionais de água de serviço para as instalações de refrigeração e limpeza. Também é importante notar que o abastecimento de água difere muito entre os sistemas de produção industrializados e extensivos. Nos sistemas de pecuária extensiva, 25 por cento das necessidades de água (incluindo água de serviço) provêm da alimentação, contra apenas 10 por cento nos sistemas de produção de pecuária intensiva (National Research Council, 1981).

Em alguns locais, a importância da utilização da água do gado para beber e para abastecimento, em comparação com outros sectores, pode ser impressionante. Por exemplo, no Botsuana, a utilização da água pelo gado representa 23% da utilização total da água no país e é o segundo principal utilizador dos recursos hídricos. Como os recursos hídricos subterrâneos se reabastecem apenas lentamente, o lençol freático no Kalahari diminuiu substancialmente desde o século XIX. No futuro, outros sectores irão exigir mais água e a escassez de água poderá tornar-se dramática; Els e Rowntree, 2003; Thomas, 2002). No entanto, na maioria dos países, a utilização de água para beber e para serviços continua a ser pequena em comparação com outros sectores. Nos Estados Unidos, por exemplo, embora localmente importante nalguns estados, a utilização de água potável e de serviço pelos animais era inferior a 1% da utilização total de água doce em 2000 (Hutson *et al.*, 2004).

Com base nas necessidades metabólicas, nas estimativas relativas à extensão dos sistemas de produção e à sua utilização da água, podemos estimar que a utilização global de água para satisfazer as necessidades de água potável do gado é de 16,2 km³ , e as necessidades de água de serviço de 6,5 km³ (não incluindo as necessidades de água de serviço para os pequenos ruminantes) (ver Quadros 4.4 e

4.5). A nível regional, a maior procura de água potável e de serviço é observada na América do Sul (totalizando 5,3 km3/ano), no Sul da Ásia (4,1 km3/ano) e na África Subsariana (3,1 km3/ano). Estas áreas representam 55% das necessidades globais de água do sector pecuário

Globalmente, as necessidades de água para beber e servir o gado representam apenas 0,6% de toda a utilização de água doce (ver Tabelas 4.4 e 4.5). Este valor de uso direto é o único que a maioria dos decisores tem em consideração. Como resultado, o sector pecuário não é normalmente considerado como um dos principais factores de esgotamento dos recursos de água doce. No entanto, este valor está consideravelmente subestimado, uma vez que não tem em conta outras necessidades de água que o sector da pecuária implica direta e indiretamente. Analisaremos de seguida as implicações hídricas de todo o processo de produção.

Processamento de produtos

O sector da pecuária fornece uma vasta gama de produtos, desde o leite e a carne até produtos de elevado valor acrescentado, como o couro ou pratos pré-cozinhados. Percorrer toda a cadeia e identificar a parte da utilização da água imputável ao sector pecuário é um exercício complexo. Centramo-nos aqui nas etapas primárias da cadeia de transformação dos produtos, que inclui o abate, a transformação da carne e do leite e as actividades de curtimento.

Os matadouros e a indústria agroalimentar

Os produtos animais primários, como os animais vivos ou o leite, são normalmente transformados em diferentes tipos de carne e produtos lácteos antes de serem consumidos. A transformação da carne inclui uma série de actividades, desde o abate até actividades complexas de valor acrescentado. A Figura 4.1 mostra o processo genérico da carne, embora os passos possam variar consoante a espécie. Para além destes processos genéricos, as operações de processamento de carne podem também incorporar o processamento de miudezas e a transformação. A transformação converte os subprodutos em produtos de valor acrescentado, como o sebo, a carne e as farinhas de sangue.

Tal como muitas outras actividades de processamento de alimentos, os requisitos de higiene e qualidade no processamento de carne resultam numa elevada utilização de água e, consequentemente, numa elevada produção de águas residuais. Nos matadouros de carne vermelha (vaca e búfalo), a água é usada principalmente para lavar as carcaças em várias fases e para a limpeza. Do total de água utilizada na transformação, entre 44 e 60 por cento é consumida nas áreas de abate, evisceração e desossa (MRC, 1995). As taxas de utilização de água variam de 6 a 15 litros por quilo de carcaça. Dado que a produção mundial de carne de vaca e de búfalo foi de 63 milhões de toneladas em 2005, uma estimativa conservadora da utilização de água para estas fases situar-se-ia entre 0,4 e 0,95 km^3 , ou seja, entre 0,010 e 0,024 por cento da utilização global de água (FAO, 2005f).

Nas instalações de transformação de aves de capoeira, a água é utilizada para lavar as carcaças e para a limpeza; para escaldar as aves com água quente antes da retirada das penas; em calhas de água para o transporte de penas, cabeças, pés e vísceras e para a refrigeração das aves. A transformação de aves de capoeira tende a ser mais intensiva em água por unidade de peso do que a transformação de carne vermelha (Wardrop Engineering, 1998). A utilização de água é da ordem dos 1 590 litros por ave transformada (Hrudey, 1984). Em 2005, foi abatido um total de 48 mil milhões de aves a nível mundial. Uma estimativa conservadora da utilização global de água seria de cerca de 1,9 km^3 , representando 0,05% da utilização de água.

Os produtos lácteos também requerem quantidades significativas de água. As melhores práticas de utilização da água nos processos comerciais do leite são de 0,8 a 1 litro de água/kg de leite (UNEP, 1997a). Estas estimativas conservadoras resultam numa utilização global de água para o processamento do leite superior a 0,6 km3 (0,015% da utilização global de água), sem considerar a água utilizada para os produtos derivados, especialmente o queijo.

Curtumes

Entre 1994 e 1996, foram transformadas anualmente cerca de 5,5 milhões de toneladas de peles em bruto para produzir 0,46 milhões de toneladas de couro pesado e cerca de 940 milhões de m^2 de couro leve. Outros 0,62 milhões de toneladas de peles em bruto em base seca foram convertidas em quase 385 milhões de m² de couro de ovinos e caprinos.

O processo de curtume inclui quatro etapas operacionais principais: armazenamento e casa de vigas; curtume; pós-curtume; e acabamento. Dependendo do tipo de tecnologia aplicada, as necessidades de água para o processamento de peles variam muito, desde 37 a 59 m³ por tonelada de peles em bruto quando se utilizam tecnologias convencionais até 14 m³ quando se utilizam tecnologias avançadas (ver Quadro 4.6). Isto equivale a um total mundial de 0,2 a 0,3 km³ por ano (0,008 por cento da utilização global de água).

Os requisitos de utilização da água   para a transformação de produtos de origem animal podem ter um impacto   significativo

impacto ambiental em alguns locais. No entanto, a principal ameaça ambiental reside no volume de poluentes descarregados localmente pelas unidades de transformação.

Produção de alimentos para animais

Tal como descrito anteriormente, o sector da pecuária é o maior utilizador antropogénico de terras do mundo. A grande maioria destas terras e grande parte da água que contêm e recebem destinam-se à produção de alimentos para animais.

A evapotranspiração é o principal mecanismo pelo qual as culturas e os prados esgotam a água recursos. Quando a água, evapotranspirada pelas terras de cultivo para alimentação, é atribuída à produção de gado, as quantidades envolvidas são tão grandes que as outras utilizações da água acima descritas são insignificantes em comparação. Zimmer e Renault (2003), por exemplo, mostram, num esforço de contabilidade aproximado, que o sector pecuário pode representar cerca de 45% do orçamento global de água utilizada na produção de alimentos. No entanto, uma grande parte desta utilização da água não é significativa do ponto de vista ambiental. A evapotranspiração dos prados e das terras forrageiras não cultivadas utilizadas para pastagem representa uma grande parte. Esta água tem, em geral, pouco ou nenhum custo de oportunidade e, de facto, a quantidade de água perdida na ausência de pastoreio pode não ser inferior. As terras de pastagem geridas de forma mais intensiva têm frequentemente potencial agrícola, mas situam-se sobretudo em zonas com abundância de água, ou seja, é mais a terra que tem um custo de oportunidade do que a água.

Não se prevê que a água utilizada para a produção de alimentos para animais em sistemas de produção animal extensiva em terra aumente substancialmente. Como já foi referido, os sistemas de pastoreio estão em declínio relativo na maior parte do mundo. Uma razão importante é o facto de a maior parte das pastagens se situar em zonas áridas ou semi-áridas onde a água é escassa, o que limita a expansão ou intensificação da produção animal. A produção em sistemas mistos continua a expandir-se rapidamente, e a água não é um fator limitante na maioria das situações. Neste caso, são esperados ganhos de produtividade decorrentes de um maior nível de integração entre a produção animal e a produção vegetal, com os animais a consumirem quantidades consideráveis de resíduos das culturas.

Em contrapartida, os sistemas mistos geridos de forma mais intensiva e os sistemas pecuários industriais caracterizam-se por um elevado nível de factores de produção externos, ou seja, alimentos concentrados para animais e aditivos, frequentemente transportados a longas distâncias. A procura destes produtos e, por conseguinte, a procura das matérias-primas correspondentes (ou seja, cereais e oleaginosas), está a aumentar rapidamente[4] . Além disso, as culturas cerealíferas e oleaginosas ocupam terras aráveis, onde a água tem geralmente um custo de oportunidade considerável. São produzidas quantidades substanciais por irrigação em zonas relativamente pobres em água. Nessas zonas, o sector pecuário pode ser diretamente responsável por uma grave degradação ambiental através do esgotamento da água, dependendo da fonte da água de irrigação. No entanto, em zonas de sequeiro, mesmo a crescente apropriação de terras aráveis pelo sector pode, de forma mais indireta, levar ao esgotamento da água disponível, uma vez que reduz a água disponível para outras utilizações, em especial para as culturas alimentares.

Tendo em conta o aumento da utilização "onerosa" da água pelo sector pecuário, é importante avaliar o seu significado atual. O Anexo 3.4 apresenta uma metodologia para quantificar este tipo de utilização da água pelo sector pecuário e avaliar a sua importância. Esta avaliação baseia-se em cálculos de balanço hídrico espacialmente pormenorizados e na informação disponível para as quatro culturas forrageiras mais importantes: cevada, milho, trigo e soja (a seguir designadas por BMWS). Os resultados apresentados no Quadro 4.7 não representam, por conseguinte, a totalidade da utilização da água pelas culturas forrageiras. Estas quatro culturas representam cerca de três quartos do total de alimentos para animais utilizados na produção intensiva de monogástricos. Para outros utilizadores significativos destes factores de produção externos, ou seja, o sector dos lacticínios intensivos, esta percentagem é da mesma ordem de grandeza.

O Anexo 3.4 descreve duas abordagens diferentes concebidas para lidar com a incerteza na estimativa da utilização da água pelas culturas forrageiras, relacionada com a falta de conhecimento das localizações das culturas forrageiras. Isto sugere que, apesar de um certo número de pressupostos não verificados, as quantidades agregadas resultantes podem fornecer estimativas bastante exactas.

Globalmente, a alimentação BMWS representa cerca de 9 por cento de toda a água de irrigação evapotranspirada globalmente. Quando incluímos a evapotranspiração da água recebida da precipitação em áreas irrigadas, esta percentagem sobe para cerca de 10% da água total evapotranspirada em áreas irrigadas. Considerando que as matérias-primas para alimentação animal não transformadas do BMWS representam apenas cerca de três quartos dos alimentos dados ao gado gerido de forma intensiva, quase 15% da água evapotranspirada nas áreas irrigadas pode provavelmente ser atribuída ao gado.

Existem diferenças regionais acentuadas. Na África subsariana e na Oceânia, muito pouca irrigação é dedicada à alimentação BMWS, quer em termos absolutos quer em termos relativos. No Sul da Ásia/Índia, a quantidade de água de irrigação evapotranspirada pela alimentação BMWS, embora considerável, representa apenas uma pequena parte da água total evapotranspirada através da irrigação. Quantidades absolutas semelhantes na região da Ásia Ocidental e do Norte de África, mais carente de água, representam cerca de 15% da água total evapotranspirada nas áreas irrigadas. A percentagem mais elevada de água evapotranspirada através da irrigação encontra-se, de longe, na Europa Ocidental (mais de 25%), seguida da Europa Oriental (cerca de 20%). A irrigação não está muito difundida na Europa, que geralmente não tem falta de água e, de facto, a correspondente utilização de água de irrigação para alimentação do BMWS é menor em termos absolutos do que para o WANA. Mas a parte sul da Europa Ocidental sofre regularmente secas no verão. No sudoeste da França, por exemplo, o milho irrigado (para alimentação animal) tem sido repetidamente considerado responsável por graves quedas no caudal dos principais rios, bem como por danos na aquicultura costeira durante essas secas de verão e por pastagens improdutivas para o sector dos ruminantes (Le Monde, 31-07-05). As quantidades absolutas mais elevadas de água de irrigação de rações BMWS evapotranspirada encontram-se nos Estados Unidos e no Leste e Sudeste da Europa.

Ásia (ESEA), em ambos os casos representando também uma elevada percentagem do total (cerca de 15 por cento). Uma parte considerável da água de irrigação nos Estados Unidos tem origem em recursos hídricos subterrâneos fósseis (US Geological Survey, 2005). Na ESEA, tendo em conta as mudanças em curso no sector pecuário, o esgotamento da água e os conflitos sobre a sua utilização podem tornar-se problemas graves nas próximas décadas.

Apesar da sua relevância ambiental, a água de irrigação representa apenas uma pequena parte do total de água evapotranspirada para alimentação de BMWS (6% globalmente). Relativamente a outras culturas, as rações BMWS na América do Norte e na América Latina estão preferencialmente localizadas em áreas de sequeiro: a sua quota na evapotranspiração de sequeiro é muito maior do que a da evapotranspiração da água de rega. Na Europa, pelo contrário, os alimentos BMWS para animais são preferencialmente irrigados, enquanto mesmo numa região com escassez crítica de água como a WANA, a quota-parte dos alimentos BMWS para animais na evapotranspiração das terras irrigadas excede a das terras aráveis de sequeiro. É evidente que a produção de alimentos para animais consome grandes quantidades de recursos hídricos de importância crítica e compete com outras utilizações e utilizadores.

Poluição da água

A maior parte da água utilizada pelo gado retorna ao ambiente. Parte dela pode ser reutilizável na mesma bacia, enquanto outra pode ser poluída[6] ou evapotranspirada e, por conseguinte, esgotada. A água poluída pela produção animal, pela produção de alimentos para animais e pela transformação de produtos diminui o abastecimento de água e contribui para o seu esgotamento.

Os mecanismos de poluição podem ser divididos em fontes pontuais e fontes não pontuais. A poluição pontual é uma descarga observável, específica e confinada de poluentes numa massa de água. Aplicada aos sistemas de produção animal e aos pontos, a poluição de origem pontual refere-se a confinamentos, fábricas de transformação de alimentos e fábricas de transformação de produtos agroquímicos. A poluição de origem não pontual é caracterizada por uma descarga difusa de poluentes, geralmente em grandes áreas, como as pastagens.

Resíduos de animais

A maior parte da água utilizada para beber e tratar os animais regressa ao ambiente sob a forma de estrume e de águas residuais. Os excrementos dos animais contêm uma quantidade considerável de nutrientes (azoto, fósforo, potássio), resíduos de medicamentos, metais pesados e agentes patogénicos. Se estes entrarem na água ou se acumularem no solo, podem constituir sérias ameaças para o ambiente (Gerber e Menzi, 2005). Podem estar envolvidos diferentes mecanismos na contaminação dos recursos de água doce por estrume e águas residuais. A contaminação da água pode ser direta através da perda por escoamento de edifícios agrícolas, perdas devido a falhas nas instalações de armazenamento, deposição de material fecal em fontes de água doce e percolação profunda e transporte através das camadas do solo através das águas de drenagem a nível da exploração agrícola. Pode também ser indireta, através da poluição de fontes não pontuais proveniente do escoamento superficial e do escoamento superficial das zonas de pastagem e das terras de cultivo.

Os excedentes de nutrientes estimulam *a eutrofização e* podem *representar um perigo* para a saúde A ingestão de nutrientes pelos animais pode ser extremamente elevada (ver Quadro 4.8). Por exemplo, uma vaca leiteira de rendimento ingere até 163,7 kg de N e 22,6 kg de P por ano. Alguns dos nutrientes ingeridos são sequestrados no animal, mas a maior parte regressa ao ambiente e pode representar uma ameaça para a qualidade da água. As excreções anuais de nutrientes por diferentes animais são apresentadas no Quadro 4.8. No caso de uma vaca leiteira produtiva, são excretados todos os anos 129,6 kg de N (79% do total ingerido) e 16,7 kg de P (73%) (de Wit *et al.*, 1997). A carga de fósforo excretada por uma vaca é equivalente à de 18-20 seres humanos (Novotny et al., 1989). A concentração de azoto é mais elevada no estrume de porco (76,2 g/N/kg de peso seco), seguida dos perus (59,6 g/kg), das aves de capoeira poedeiras (49,0), dos ovinos (44,4), dos frangos de carne (40,0), dos bovinos leiteiros (39,6) e dos bovinos de carne (32,5). O teor de fósforo é mais elevado nas aves de capoeira poedeiras (20,8 g/P/kg de peso seco), seguido dos suínos (17,6), perus (16,5), frangos de carne (16,9), ovinos (10,3), bovinos de carne (9,6) e bovinos de leite (6,7) (Sharpley et al., 1998 in Miller, 2001). Em zonas de produção intensiva, estes valores resultam em elevados excedentes de nutrientes que podem ultrapassar as capacidades de absorção dos ecossistemas locais e degradar a qualidade das águas superficiais e subterrâneas (Hooda *et al.*, 2000).

De acordo com a nossa avaliação, a nível global, estima-se que os excrementos dos animais em 2004 continham 135 milhões de toneladas de N e 58 milhões de toneladas de P. Em 2004, os bovinos foram os maiores contribuintes para a excreção de nutrientes, com 58% do N; os suínos representaram 12% e as aves de capoeira 7%. Os principais contribuintes de nutrientes são os sistemas de produção mistos, que representam 70,5% da excreção de N e P, seguidos pelos sistemas de pastagem, com 22,5% da excreção anual de N e P. Geograficamente, o maior contribuinte individual é a Ásia, que representa 35,5% da excreção anual global de N e P.

Concentrações elevadas de nutrientes nos recursos hídricos podem conduzir a uma sobre-estimulação das espécies aquáticas.

crescimento de plantas e algas que conduzem à eutrofização, ao sabor e odor indesejáveis da água e ao crescimento excessivo de bactérias nos sistemas de distribuição. Podem proteger os microrganismos do efeito da salinidade e da temperatura e podem constituir um perigo para a saúde pública. A eutrofização é um processo natural no envelhecimento dos lagos e de alguns estuários, mas a criação de gado e outras actividades relacionadas com a agricultura podem acelerar muito a eutrofização, aumentando a taxa a que os nutrientes e as substâncias orgânicas entram nos ecossistemas aquáticos a partir das bacias hidrográficas circundantes (Carney et *al.*, 1975; Nelson et *al.*, 1996). Globalmente, a deposição de nutrientes (especialmente N) excede as cargas críticas para a eutrofização em 7-18% da área de ecossistemas naturais e semi-naturais (Bouwman e van Vuuren, 1999).

Se o crescimento das plantas resultante da eutrofização for moderado, pode constituir uma base alimentar para a comunidade aquática. Se for excessivo, a proliferação de algas e a atividade microbiana podem utilizar excessivamente os recursos de oxigénio dissolvido, o que pode prejudicar o bom funcionamento dos ecossistemas. Outros efeitos adversos da eutrofização incluem:

- alterações nas caraterísticas do habitat devido a mudanças na mistura de plantas aquáticas;

- a substituição de peixes desejáveis por espécies menos desejáveis e as perdas económicas associadas;

- produção de toxinas por certas algas;, aumento das despesas de funcionamento do abastecimento
   público de água;

- Enchimento e obstrução dos canais de irrigação com ervas aquáticas;

- perda de oportunidades de utilização recreativa; e

- impedimentos à navegação devido ao crescimento denso de ervas daninhas.

Estes impactos ocorrem tanto em ecossistemas de água doce como em ecossistemas marinhos, onde a proliferação de algas causa problemas generalizados, libertando toxinas e provocando anoxia ("zonas mortas"), com graves impactos negativos na aquicultura e nas pescas (Environmental

Protection Agency, 2005; Belsky, Matze e Uselman, 1999; Ongley, 1996; Carpenter O fósforo é frequentemente considerado como o principal nutriente limitante na maioria dos ecossistemas aquáticos. No bom funcionamento dos ecossistemas, a capacidade das zonas húmidas e dos cursos de água para reter P é crucial para a qualidade da água a jusante. Mas um número crescente de estudos identificou o N como o principal nutriente limitante. Em termos gerais, o P tende a ser mais problemático para a qualidade das águas superficiais, ao passo que o N tende a constituir uma ameaça maior para a qualidade das águas subterrâneas devido à lixiviação de nitratos através das camadas do solo (Mosley *et al.*, 1997; Melvin, 1995; Reddy et al., 1999; Miller, 2001; Carney, Carty e Colwell, 1975; Nelson, Cotsaris e Oades, 1996

Azoto: O azoto está presente no ambiente sob diferentes formas. Algumas formas são inofensivas, enquanto outras são extremamente prejudiciais. Dependendo da sua forma, o azoto pode ser armazenado e imobilizado no solo, ou pode ser lixiviado para os recursos hídricos subterrâneos, ou pode ser volatilizado. O N inorgânico é muito móvel através das camadas do solo em comparação com o N orgânico.

O azoto é excretado pelos animais tanto em compostos orgânicos como inorgânicos. A fração inorgânica é equivalente ao N emitido na urina e é geralmente superior à orgânica. As perdas diretas de azoto das excreções e do estrume assumem quatro formas principais: amoníaco (NH_3), dinitrogénio (N_2), óxido nitroso (N_2O) ou nitrato (No_3^-) (Mil-chunas e Lauenroth, 1993; Whitmore, 2000). Parte do N inorgânico é volatizado e emitido sob a forma de amoníaco nos estábulos, durante a deposição e o armazenamento do estrume, após a aplicação do estrume e nas pastagens.

As condições de armazenamento e de aplicação do estrume influenciam grandemente a transformação biológica dos compostos N e os compostos resultantes representam diferentes ameaças para o ambiente. Em condições anaeróbicas, o nitrato é transformado em N2 inofensivo (desnitrificação). No entanto, se o carbono orgânico for deficiente, em relação ao nitrato, a produção do subproduto nocivo N_2 o aumenta. Esta nitrificação sub-óptima ocorre quando o amoníaco é lavado diretamente do solo para os recursos hídricos (Whitmore, 2000; Carpenter etaZ., 1998).

A lixiviação é outro mecanismo pelo qual o azoto se perde nos recursos hídricos. Na sua forma de nitrato (No_3) (N inorgânico), o azoto é muito móvel na solução do solo e pode ser facilmente lixiviado abaixo da zona de enraizamento para as águas subterrâneas ou entrar no fluxo subsuperficial. O azoto (especialmente as suas formas orgânicas) pode também ser transportado para os sistemas hídricos através do escoamento superficial. Os elevados níveis de nitratos observados nos cursos de água perto de zonas de pastagem resultam principalmente de descargas de águas subterrâneas e do fluxo subsuperficial. Quando o estrume é utilizado como fertilizante orgânico, muitas das perdas de azoto após a aplicação estão associadas à mineralização da matéria orgânica do solo numa altura em que não há cobertura vegetal (Gerber e Menzi, 2005; Stoate *et aZ.*, 2001; Hooda *et aZ.*, 2000).

Níveis elevados de nitratos nos recursos hídricos podem representar um perigo para a saúde. Níveis excessivos na água potável podem causar metemoglobinemia ("síndrome do bebé azul") e podem envenenar os bebés humanos. Nos adultos, a toxicidade dos nitratos pode também causar aborto e cancro do estômago. O valor-guia da OMS para a concentração de nitratos na água potável é de 45 mg/litro (10 mg/litro para NO_3-N) (Osterberg e Wallinga, 2004; Bellows, 2001; Hooda et aZ., 2000). O nitrito (No_2 -) é tão suscetível de ser lixiviado como o nitrato e é muito mais tóxico A grave ameaça de poluição da água representada pelos sistemas de produção animal industrializados tem sido amplamente descrita. Nos Estados Unidos, por exemplo, Ritter e Chirnside (1987) analisaram a concentração de NO_3 -N em 200 poços de água subterrânea em Delaware (citado em Hooda *et al.*, 2000). Os seus resultados demonstraram o elevado risco local apresentado pelos sistemas de produção pecuária industrial: nas zonas de produção avícola, a taxa de concentração média foi de 21,9 mg/litros, em comparação com 6,2 nas zonas de produção de milho e 0,58 nas zonas florestais. Num outro estudo realizado no sudoeste do País de Gales (Reino Unido), Schofield, Seager e Merriman (1990) mostram que um rio que drena exclusivamente de zonas de criação de gado estava fortemente poluído, com níveis de fundo de 3-5 mg/litros de NH_3-N e picos tão elevados como 20 mg/litros. Os picos elevados podem ocorrer após as chuvas, devido à lavagem de resíduos dos quintais das explorações agrícolas e dos campos de adubo (Hooda et al., 2000).

Do mesmo modo, no Sudeste Asiático, a iniciativa LEAD analisou as fontes terrestres de poluição do Mar da China Meridional, com especial destaque para a contribuição da crescente indústria suinícola na China, Tailândia, Vietname e província chinesa de Guang-dong. Estima-se que os resíduos de suínos contribuam mais para a poluição do que as fontes domésticas humanas, de três por cento para o N e 61% para o P na Tailândia a 72% para o N e 94% para o P na província chinesa de Guangdong (ver Quadro 4.9) (Gerber e Menzi, 2005).

Fósforo: O fósforo na água não é considerado diretamente tóxico para os seres humanos e os animais e, por conseguinte, não foram estabelecidas normas para a água potável no que se refere ao P. O fósforo contamina os recursos hídricos quando o estrume é diretamente depositado ou descarregado no curso de água ou quando são aplicados níveis excessivos de fósforo no solo. Ao contrário do azoto, o fósforo é retido pelas partículas do solo e está menos sujeito a lixiviação, a menos que os níveis de concentração sejam excessivos. A erosão é, de facto, a principal fonte de perda de fosfato e o fósforo é transportado no escoamento superficial em formas solúveis ou particuladas. Em zonas com elevada densidade de gado, os níveis de fósforo podem acumular-se nos solos e chegar aos cursos de água através do escoamento. Nos sistemas de pastoreio, o pisoteio do solo pelo gado afecta a taxa de infiltração e a macroporosidade, causando a perda de sedimentos e fósforo através do escoamento superficial das pastagens e dos solos cultivados (Carpenter *et al.*, 1998; Bellows, 2001; Stoate *et al.*, 2001; McDowell et al., 2003).

O carbono orgânico *total* reduz *os níveis de* oxigénio na água

Os resíduos orgânicos contêm geralmente uma grande proporção de sólidos com compostos orgânicos que podem ameaçar a qualidade da água. A contaminação orgânica pode estimular a proliferação de algas, o que aumenta a sua procura de oxigénio e reduz o oxigénio disponível para outras espécies. A carência biológica de oxigénio (CBO) é o indicador normalmente utilizado para refletir a contaminação da água por materiais orgânicos. Uma revisão da literatura efectuada por Khaleel e Shearer (1998) encontrou uma forte correlação entre uma CBO elevada e um elevado número de animais ou a descarga direta de efluentes agrícolas. A chuva desempenha um papel importante na variação dos níveis de CBO nos cursos de água que drenam zonas de criação de gado, a menos que os efluentes agrícolas sejam diretamente descarregados no curso de água (Hooda et al., 2000). Os resíduos relacionados com a pecuária contam-se entre os que têm a CBO mais elevada. Os impactos do carbono orgânico total e dos níveis associados de CBO na qualidade da água e nos ecossistemas foram avaliados a nível local, mas a falta de dados impossibilita a extrapolação a escalas mais elevadas.

CAPÍTULO 6: CONTAMINAÇÃO BIOLÓGICA

O gado excreta muitos microrganismos zoonóticos e parasitas multicelulares de importância para a saúde humana (Muirhead *et al.*, 2004). Os microrganismos patogénicos podem ser transmitidos pela água ou pelos alimentos, especialmente se as culturas alimentares forem regadas com água contaminada (Atwill, 1995). Normalmente, é necessário que grandes quantidades de agentes patogénicos sejam descarregadas diretamente para que ocorra um processo de transmissão eficaz. Vários contaminantes biológicos podem sobreviver por dias e às vezes semanas nas fezes aplicadas na terra e podem mais tarde contaminar os recursos hídricos através do escoamento superficial. Os patógenos bacterianos e virais mais importantes transmitidos pela água que são de importância primária para a saúde pública e a saúde pública veterinária são

Campylobacter spp: Várias espécies de *Campylobacter* têm um papel importante na infeção gastrointestinal humana. A nível mundial, a campilobacteriose é responsável por cerca de 5-14% de todos os casos de diarreia (Institute for International Cooperation in Animal Bio-logics, Center for Food Security and Public Health, 2005). Foram documentados vários casos de doenças clínicas humanas atribuíveis à água contaminada por animais de criação (Lind, 1996; Atwill, 1995).

Escherichia *Coli* O157: H7: *E. Coli O* 157.'H7 é um agente patogénico humano que pode causar colite e, em alguns casos, síndrome de uremia hemolítica. O gado bovino tem sido implicado como a principal fonte de contaminação em surtos de *E.coli O157-II7* de origem hídrica e alimentar e em infecções esporádicas. As complicações e mortes são mais frequentes em crianças pequenas, idosos e pessoas com doenças debilitantes. Nos Estados Unidos, registam-se anualmente cerca de 73 000 infecções (Institute for International Cooperation in Animal Biologics, Center for Food Security and Public Health, 2004; Renter *et* al., 2003; Shere et al., 2002; Shere, Bartless e Kasper, 1998).

Salmonella spp: Os animais de criação são uma fonte importante de várias Salmonella *spp.* infecciosas para os seres humanos. A Salmonella *dublin* é um dos serotipos mais frequentemente isolados de bovinos e um grave agente patogénico de origem alimentar para os seres humanos. A água da superfície contaminada com S. *dublin* bovina ou os alimentos lavados em água contaminada podem servir como veículos de infeção humana. Foram isoladas Salmonella spp. em 41% dos perus testados na Califórnia (Estados Unidos) e em 50% dos frangos examinados em Massachusetts (Estados Unidos) (Institute for International Cooperation in Animal Biologics, Center for Food Security and Public Health, 2005; Atwill, 1995).

Clostridium botulinum: O C. botulinum (o organismo que causa o botulismo) produz neurotoxinas potentes. Os seus esporos são resistentes ao calor e podem sobreviver em alimentos que foram incorretamente ou minimamente processados. Entre os sete serotipos, os tipos A, B, E e F causam o botulismo humano, enquanto os tipos C e D causam a maioria dos casos de botulismo em animais.

O C. botulinum pode ser transportado através do escoamento superficial dos campos (Carney, Carty e

Colwell, 1975; Notermans, Dufreme e Oosterom, 1981).

Doenças virais: Várias doenças virais podem também ser de importância veterinária e podem estar associadas à água potável, tais como infecções por picornavírus (febre aftosa, doença de Teschen/Talfan, encefalomielite aviária, doença vesicular dos suínos, encefalomiocardite); infecções por parvovírus; infecções por adenovírus; vírus da peste bovina; ou peste suína.

As doenças *parasitárias* do gado são transmitidas através da ingestão de estádios trans missivos ambientalmente robustos (esporos, cistos, oocistos, óvulos, estádios larvares e encistados) ou através da utilização de água contaminada no processamento ou preparação de alimentos, ou através do contacto direto com estádios parasitários infecciosos. O gado bovino actua como uma fonte de parasitas para os seres humanos e muitas espécies selvagens (Olson *et al.*, 2004; Slifko, Smith e Rose, 2000). A excreção de estádios transmissíveis pode ser elevada e a ameaça para a saúde pública veterinária pode estender-se muito para além das áreas de contaminação (Slifko, Smith e Rose, 2000; Atwill, 1995). Entre os parasítios, os perigos mais importantes para a saúde pública relacionados com a água são *Giardia spp.*, *Cryptosporidia spp.*, *Microsporidia spp.* e Fasciola spp.

Giardia *lamblia e Cryptosporidium parvum:* Ambos são micróbios protozoários que podem causar doenças gastrointestinais nos seres humanos (Buret et al., 1990; Ong, 1996). G. lamblia e C. *parvum* tornaram-se importantes agentes patogénicos de origem hídrica, uma vez que são infecções indígenas em muitas espécies animais. Os seus oocistos são suficientemente pequenos para contaminar as águas subterrâneas, e os oocistos *de C. parvum* não podem ser removidos com êxito pelo tratamento comum da água (Slifko, Smith e Rose, 2000; East Bay Municipal Utility District, 2001; Olson *et al.*, 2004). A nível mundial, a prevalência na população humana é de 1 a 4,5 por cento nos países desenvolvidos e de 3 a 20 por cento nos países em desenvolvimento (Institute for International Cooperation in Animal Biologics, Center for Food Security and Public Health, 2004).

Microsporidia spp: Os Microsporidia spp são protozoários intracelulares formadores de esporos. Catorze espécies são identificadas como agentes patogénicos oportunistas ou emergentes para os seres humanos. Nos países em desenvolvimento, as espécies de *Microsporidia* representam um perigo ainda maior para a saúde pública, uma vez que as infecções foram encontradas predominantemente em indivíduos imunocomprometidos. A doença é geralmente transmitida, mas é também uma potencial zoonose emergente transmitida pela carne, que também pode ser adquirida a partir de peixe ou crustáceos crus ou ligeiramente cozinhados. A presença de *Microsporidia* patogénica para o homem em animais de criação ou de companhia tem sido amplamente comunicada. *Enterocytozoon bieneusi* (a espécie mais frequentemente diagnosticada em seres humanos) foi registada em suínos, bovinos, gatos, cães, lamas e galinhas (Slifko, Smith e Rose, 2000; Fayer et al., 2002).

Fasciola spp: A fasciolose (Fasciola hepatica e Fasciola *gigantica)* é uma importante infeção parasitária de herbívoros e uma zoonose de origem alimentar. A via de transmissão mais comum é a ingestão de água contaminada. Alimentos (como saladas) contaminados com água de irrigação contaminada com metacercárias também podem ser uma possível via de transmissão (Slifko, Smith e Rose, 2000; Conceição et al., 2004;

Velusamy, Singh e Raina, 2004).

Resíduos de medicamentos contaminam os ambientes aquáticos

Os produtos farmacêuticos são utilizados em grandes quantidades no sector pecuário, principalmente os antimicrobianos e as hormonas. Os antimicrobianos têm uma utilização variada. São administrados aos animais para fins terapêuticos, mas também são administrados profilaticamente a grupos inteiros de animais saudáveis, normalmente durante situações de stress com elevado risco de infecções, como após o desmame ou durante o transporte. São também administrados aos animais por rotina na alimentação ou na água durante períodos mais longos para melhorar as taxas de crescimento e a eficiência alimentar. Quando os antimicrobianos são adicionados aos alimentos ou à água em doses inferiores às terapêuticas, alguns cientistas chamam-lhes utilizações "subterapêuticas" ou "não terapêuticas" (Morse e Jackson, 2003; Wallinga, 2002

As hormonas são utilizadas para aumentar a eficiência da conversão alimentar, particularmente no sector da carne de bovino e de suíno. A sua utilização não é autorizada numa série de países, nomeadamente na Europa (FAO, 2003a).

Nos países desenvolvidos, a utilização de medicamentos para a produção animal representa uma percentagem elevada da utilização total. Cerca de metade dos 22,7 milhões de kg de antibióticos produzidos anualmente nos Estados Unidos é utilizada em animais (Harrison e Lederberg, 1998). O Instituto de Medicina (IOM) estima que cerca de 80% dos antibióticos administrados aos animais vivos nos Estados Unidos são utilizados por razões não terapêuticas, ou seja, para a profilaxia de doenças e a promoção do crescimento (Wallinga, 2002). Na Europa, a quantidade de antibióticos utilizados diminuiu após 1997, em resultado da proibição de algumas substâncias e do debate público sobre a sua utilização. Em 1997, foram utilizadas 5 093 toneladas, incluindo 1 599 toneladas como factores de crescimento (sobretudo antibióticos poliéteres). Em 1999, na UE-15 (mais a Suíça), foram utilizadas 4 688 toneladas de antibióticos nos sistemas de produção animal. Destas, 3 902 toneladas (83%) foram utilizadas por razões terapêuticas (as tetraciclinas foram o grupo mais comum), enquanto apenas 786 toneladas foram utilizadas como factores de crescimento. As quatro substâncias aditivas para a alimentação animal que restam na UE (monensina, avilamicina, flavomicina e salinomicina) serão proibidas na UE até 2006 (Thorsten *et aZ.*, 2003). A Organização Mundial de Saúde (OMS) apelou recentemente à proibição da prática de administrar antibióticos a animais saudáveis para melhorar a sua produtividade (FAO, 2003a).

Não existem dados disponíveis sobre as quantidades de hormonas utilizadas nos diferentes países. Os desreguladores endócrinos interferem com a função normal das hormonas corporais no controlo do crescimento, do metabolismo e das funções corporais. São utilizados em confinamentos como implantes auriculares ou como aditivos alimentares (Miller, 2001). As hormonas naturais normalmente utilizadas são: estradiol (estrogénio), progesterona e testosterona. As sintéticas são: zeranol, acetato de melengestrol e acetato de trembolona. Cerca de 34 países aprovaram a utilização de hormonas na produção de carne de bovino. Entre eles estão a Austrália, o Canadá, o Chile, o Japão, o México, a Nova Zelândia, a África do Sul e os Estados Unidos. Quando as hormonas são utilizadas, o gado experimenta um aumento de 8 a 25 por cento no ganho de peso diário, com um aumento de até 15 por cento na eficiência alimentar (Canadian Animal Health Institute, 2004). Não foram cientificamente provados quaisquer impactos diretos negativos na saúde humana em resultado da sua aplicação correta.

No entanto, a UE, em parte em resposta à pressão dos consumidores, adoptou uma posição rigorosa relativamente à utilização de hormonas na produção animal (FAO, 2003a).

No entanto, uma parte substancial dos medicamentos utilizados não é degradada no organismo do animal e acaba no ambiente. Foram identificados resíduos de medicamentos, incluindo antibióticos e hormonas, em vários ambientes aquáticos, incluindo águas subterrâneas, águas superficiais e água da torneira (Morse e Jackson, 2003). O US Geo-logical Survey encontrou resíduos de antimicrobianos em 48% dos 139 cursos de água inquiridos em todo o país e os animais foram considerados possíveis contribuintes, especialmente quando o estrume é espalhado em terrenos agrícolas (Wallinga, 2002). Relativamente às hormonas, Ester green *et aZ.* (1977) referiram que 50 por cento da progesterona administrada a bovinos era excretada nas fezes e 2 por cento na urina. Shore et aZ. (1993) verificaram que a testosterona era facilmente lixiviada do solo, mas o estradiol e a estrona não.

Uma vez que mesmo baixas concentrações de antimicrobianos exercem uma pressão selectiva na água doce, as bactérias estão a desenvolver resistência aos antibióticos. A resistência pode ser transmitida através da troca de material genético entre microrganismos e de organismos não patogénicos para organismos patogénicos. Como podem conferir uma vantagem evolutiva, esses genes espalham-se rapidamente no ecossistema bacteriano: as bactérias que adquirem genes de resistência podem competir e propagar-se mais rapidamente do que as bactérias não resistentes (FAO, 2003a; Harrison e Lederberg, 1998; Wallinga, 2002). Para além da potencial propagação das resistências aos antibióticos, este facto representa uma fonte de preocupação ambiental considerável.

No caso das hormonas, a preocupação ambiental prende-se com os seus potenciais efeitos nas culturas e possível desregulação endócrina nos seres humanos e na vida selvagem (Miller, 2001). O acetato de trembolona pode permanecer nas pilhas de estrume durante mais de 270 dias, o que sugere que a água pode ser contaminada por agentes hormonalmente activos através do escoamento superficial, por exemplo. As ligações entre a utilização de hormonas pelo gado e os impactos ambientais associados não são facilmente demonstradas. No entanto, isso explicaria o facto de os animais selvagens apresentarem alterações de desenvolvimento, neurológicas e endócrinas, mesmo após a proibição dos pesticidas estrogénicos conhecidos. Esta suposição é apoiada pelo número crescente de casos relatados de feminização ou masculinização de peixes e pelo aumento da incidência de cancros da mama e dos testículos e de alterações do trato genital masculino nos mamíferos (Soto *et* al., 2004).

Os antimicrobianos e as hormonas não são os únicos medicamentos preocupantes. Por exemplo, na produção leiteira são utilizadas grandes quantidades de detergentes e desinfectantes. Os detergentes representam a maior parte dos produtos químicos utilizados nas actividades leiteiras. Também são utilizados níveis elevados de antiparasitários no sistema de produção de gado vivo (Miller, 2002; Tremblay e

Wrattens, 2002).

CAPÍTULO 7: UTILIZAÇÃO DE METAIS PESADOS NOS ALIMENTOS PARA ANIMAIS RETORNO AO AMBIENTE

Os metais pesados são administrados aos animais, em baixas concentrações, por razões de saúde ou como promotores de crescimento. Os metais que são adicionados às rações dos animais podem incluir o cobre, o zinco, o selénio, o cobalto, o arsénio, o ferro e o manganês. Na indústria suína, o cobre (Cu) é utilizado para melhorar o desempenho, uma vez que actua como agente antibacteriano no intestino. O zinco (Zn) é utilizado nas dietas dos porcos desmamados para o controlo da diarreia pós-desmame. Na indústria avícola, o Zn e o Cu são necessários, uma vez que são co-factores enzimáticos. O cádmio e o selénio também são utilizados e verificou-se que promovem o crescimento em doses baixas. Outras fontes potenciais de metais pesados na dieta dos animais incluem a água potável, algum calcário e a corrosão do metal utilizado no alojamento dos animais (Nicholson2003; Miller, 2001; Sustainable Table, 2005 Os animais podem absorver apenas 5 a 15 por cento dos metais que ingerem. A maior parte dos metais pesados que ingerem são, por conseguinte, excretados e devolvidos ao ambiente. Os recursos hídricos também podem ser contaminados quando os pedilúvios que contêm Cu e Zn são utilizados como desinfectantes para cascos de ovinos e bovinos (Nicholson, 2003; Schultheih *et al.,* 2003; Sustainable Table, 2005).

As cargas de metais pesados provenientes do gado foram analisadas a nível local. Na Suíça, em 1995, verificou-se que a carga total de metais pesados nos estrumes ascendia a 94 toneladas de cobre, 453 toneladas de zinco, 0,375 toneladas de cádmio e 7,43 toneladas de chumbo de um efetivo de 1,64 milhões de bovinos e 1,49 milhões de suínos (FAO, 2006b). Desta carga, 64% (do zinco) a 87% (do chumbo) estavam no estrume do gado (Menzi e Kessler, 1998). No entanto, a maior concentração de cobre e zinco foi encontrada no estrume de suínos.

Vias de poluição

1. Poluição pontual proveniente de sistemas de produção intensiva

Tal como apresentado no Capítulo 1, as principais mudanças estruturais que ocorrem atualmente no sector da pecuária estão associadas ao desenvolvimento de sistemas de produção animal industriais e intensivos. Estes sistemas envolvem frequentemente um grande número de animais concentrados em áreas relativamente pequenas e em relativamente poucas operações. Nos Estados Unidos, por exemplo, 4% dos estábulos representam 84% da produção de gado. Estas concentrações de animais geram enormes volumes de resíduos que têm de ser geridos para evitar a contaminação da água (Carpenter *et al.*, 1998). A forma como os resíduos são geridos varia muito e os impactos associados nos recursos hídricos variam em conformidade.

Nos países desenvolvidos, existem quadros regulamentares, mas as regras são frequentemente contornadas ou violadas. Por exemplo, no Estado do Iowa (Estados Unidos), 6% dos 307 grandes derrames de estrume resultaram de acções deliberadas, como a bombagem de estrume para o solo ou a rutura deliberada de lagoas de armazenamento, enquanto 24% foram causados por falhas ou transbordamento de uma estrutura de armazenamento de estrume (Osterberg e Wallinga, 2004). Nos Estados Unidos

No Reino Unido, o número de incidentes de poluição comunicados relacionados com resíduos agrícolas aumentou na Escócia, de 310 em 1984 para 539 em 1993, e em Inglaterra e na Irlanda do Norte, de 2 367 em 1981 para 4 141 em 1988. As escorrências provenientes de unidades de produção pecuária intensiva são também uma das principais fontes de poluição nos países onde o sector pecuário é intensificado.

Nos países em desenvolvimento, e em especial na Ásia, as mudanças estruturais no sector e as alterações subsequentes nas práticas de gestão do estrume causaram impactos ambientais negativos semelhantes. O crescimento em escala e a concentração geográfica nas proximidades das zonas urbanas estão a causar grandes desequilíbrios entre a terra e o gado, que dificultam as opções de reciclagem do estrume, como a sua utilização como fertilizante nas terras de cultivo. Nessas condições, os custos de transporte do estrume para o campo são frequentemente proibitivos. Além disso, os terrenos peri-urbanos são demasiado caros para sistemas de tratamento acessíveis, como a lagunagem. Em consequência, a maior parte do estrume líquido dessas operações é diretamente descarregado nos cursos de água. Esta poluição ocorre no meio de elevadas densidades populacionais humanas, aumentando o potencial impacto no bem-estar humano. O tratamento só é praticado numa minoria de explorações agrícolas e é largamente insuficiente para atingir normas de descarga aceitáveis. Embora existam regulamentos relacionados nos países em desenvolvimento, estes raramente são aplicados. Mesmo quando os resíduos são recolhidos (por exemplo, numa lagoa), uma parte considerável perde-se frequentemente por lixiviação ou por transbordo durante a estação das chuvas, contaminando as águas superficiais e os recursos hídricos subterrâneos (Gerber e Menzi, 2005).

Uma vez que a maior parte da poluição não é registada, há falta de dados, pelo que não é possível uma avaliação exaustiva do nível de poluição pontual relacionada com a pecuária a nível global. Olhando para a distribuição global dos sistemas de produção pecuária intensiva (ver mapas 14 e 15, anexo 1) e com base em estudos locais que salientam a existência de contaminação direta da água por actividades pecuárias intensivas, é evidente que grande parte da poluição se concentra em zonas com elevada densidade de actividades pecuárias intensivas. Estas zonas situam-se principalmente nos Estados Unidos (costas ocidental e oriental), na Europa (oeste de França, oeste de Espanha, Inglaterra, Alemanha, Bélgica, Países Baixos, norte de Itália e Irlanda), no Japão, na China e no Sudeste Asiático (Indonésia, Malásia, Filipinas, Taiwan, província da China, Tailândia e Vietname), no Brasil, no Equador, no México, na Venezuela e na Arábia Saudita.

2. Poluição de fontes não pontuais proveniente de pastagens e terras aráveis

O sector da pecuária pode ser associado a três mecanismos principais de fontes não pontuais.

Em primeiro lugar, parte dos resíduos da pecuária e, em especial, o estrume, são aplicados nos solos como fertilizantes para a produção de géneros alimentícios e de alimentos para animais.

Em segundo lugar, nos sistemas de produção animal extensiva, a contaminação das águas superficiais por resíduos pode resultar da deposição direta de material fecal nos cursos de água, ou por escoamento superficial e fluxo subsuperficial quando depositado no solo.

Em terceiro lugar, os sistemas de produção animal têm uma elevada procura de alimentos para animais e de recursos forrageiros que, muitas vezes, requerem factores de produção adicionais, como pesticidas ou fertilizantes minerais, que podem contaminar os recursos hídricos depois de serem aplicados no solo (este aspeto será descrito mais pormenorizadamente na secção 4.3.4).

Os agentes poluentes depositados nas pastagens e nas terras agrícolas podem contaminar os recursos hídricos subterrâneos e superficiais. Os nutrientes, os resíduos de medicamentos, os metais pesados ou os contaminantes biológicos aplicados nas terras podem lixiviar-se através das camadas do solo ou ser arrastados pelo escoamento superficial. A medida em que isto acontece depende das caraterísticas do solo e das condições climatéricas, da intensidade, frequência e período de pastoreio e da taxa de aplicação de estrume. Em condições secas, o escoamento superficial pode não ser frequente, pelo que a maior parte da contaminação fecal resulta da defecação de um animal diretamente para um curso de água (Melvin, 1995; East Bay Municipal Utility District, 2001; Collins e Rutherford, 2004; Miner, Buckhouse e Moore, 1995; Larsen, 1995; Milchunas e Lauenroth, 1993; Bellows, 2001; Whitmore, 2000; Hooda etal., 2000; Sheldrick *et al.,* 2003; Carpenter et al., 1998).

O grau de degradação dos solos afecta os mecanismos e as quantidades de poluição. Com a redução do coberto vegetal e o aumento do desprendimento do solo e da erosão subsequente, o escoamento superficial também aumenta, assim como o transporte de nutrientes, contaminantes biológicos, sedimentos e outros contaminantes para os cursos de água. O sector pecuário tem um impacto complexo, uma vez que representa uma fonte indireta e direta de poluição e também influencia diretamente (através da degradação dos solos) os mecanismos naturais que controlam e atenuam as cargas poluentes A aplicação de estrume em terras agrícolas é motivada por dois objectivos compatíveis. Em primeiro lugar (de um ponto de vista ambiental e/ou económico), é um fertilizante orgânico eficaz e reduz a necessidade de adquirir produtos químicos. Em segundo lugar, é normalmente uma opção mais económica do que tratar o estrume para cumprir as normas de descarga.

Os nutrientes recuperados como estrume e aplicados em terras agrícolas foram estimados globalmente em 34 milhões de toneladas de N e 8,8 milhões de toneladas de P em 1996 (Sheldrick, Syers e Lingard, 2003). A contribuição do estrume para o total dos fertilizantes tem vindo a diminuir. Entre 1961 e 1995, as percentagens relativas de N diminuíram de 60% para 30% e as de P de 50% para 38% (Sheldrick, Syers e Lingard, 2003). No entanto, em muitos países em desenvolvimento, o estrume continua a ser o principal contributo de nutrientes para as terras agrícolas (ver Quadro 4.11). As maiores taxas de contribuição do estrume para a fertilização observam-se na Europa Oriental e na CEI (56%) e na África Subsariana (49%). Estas taxas elevadas, especialmente na África Subsariana, reflectem a abundância de terra e o elevado valor económico do estrume como fertilizante, em comparação com o fertilizante mineral, que pode ser inacessível ou não estar disponível em alguns locais

A utilização de estrume como fertilizante não deve ser considerada como uma ameaça potencial à poluição da água, mas sim como um meio de a reduzir. Quando utilizada corretamente, a reciclagem do estrume animal reduz a necessidade de fertilizantes minerais. Nos países em que a taxa de reciclagem e a contribuição relativa do estrume para a aplicação total de azoto são baixas, há obviamente necessidade de uma melhor gestão do estrume.

A utilização de estrume como fonte de fertilizante orgânico apresenta outras vantagens no que respeita à poluição da água por nutrientes. Uma vez que uma grande parte do N contido no estrume está presente na forma orgânica, só gradualmente fica disponível para as culturas. Além disso, a matéria orgânica contida no estrume melhora a estrutura do solo e aumenta a retenção de água e a capacidade de troca catiónica (de Wit *et al.*, 1997). No entanto, o azoto orgânico é também mineralizado em alturas em que as culturas absorvem pouco azoto. Nessas alturas, o N libertado é mais vulnerável à lixiviação. Na Europa, uma grande parte da contaminação da água por nitratos resulta da mineralização do azoto orgânico no outono e na primavera.

Quando a principal função pretendida com a aplicação de estrume é a de fertilizante orgânico rentável, a sua utilização tem-se baseado tradicionalmente na absorção de N e não de P pelas culturas. No entanto, uma vez que as taxas de absorção de N e P pelas culturas são diferentes do rácio N/P nos excrementos dos animais, esta situação tem frequentemente resultado num aumento do nível de P nos solos tratados com estrume ao longo do tempo. Como o solo não é um sumidouro infinito de P, esta situação resultou num processo crescente de lixiviação de P (Miller, 2001). Além disso, quando o estrume é utilizado como condicionador do solo, a dose de P aplicada na terra excede frequentemente as necessidades agronómicas e os níveis de P acumulam-se nos solos (Bellows, 2001; Gerber e Menzi, 2005).

Quando a principal função da aplicação de estrume é uma prática rentável de gestão de resíduos, os agricultores tendem a aplicar estrume a taxas excessivas em termos de intensidade e frequência, podendo também ser inoportunas e exceder as necessidades da vegetação. A aplicação excessiva é principalmente motivada pelos elevados custos de transporte e de mão de obra, que frequentemente limitam a utilização de estrume como fertilizante orgânico à vizinhança direta dos sistemas de produção animal industrializados. Em consequência, o estrume é aplicado em excesso, levando à acumulação no solo e à contaminação da água por escoamento ou lixiviação.

A acumulação de nutrientes nos solos é registada em todo o mundo. Por exemplo, uma vez que nos Estados Unidos e na Europa apenas 30 por cento do P introduzido nos fertilizantes é absorvido pelos produtos agrícolas, estima-se que existe uma taxa média de acumulação de 22 kg de P/ha/ano (Carpenter *et al.*, 1998). O impacto da intensificação da atividade pecuária no balanço de nutrientes foi analisado na Ásia por Gerber et al. (2005)

As perdas de P para os cursos de água são normalmente estimadas entre 3 e 20 por cento do P aplicado (Carpenter et al., 1998; Hooda et al., 1998). As perdas de N no escoamento superficial são normalmente inferiores a 5 por cento da taxa aplicada no caso dos fertilizantes (ver Quadro 4.12). No entanto, este valor não reflecte o verdadeiro nível de contaminação, uma vez que não inclui a infiltração e a lixiviação. De facto, a exportação global de N dos ecossistemas agrícolas para a água, como percentagem da entrada de fertilizantes, varia entre 10% e 40% nos solos argilosos e argilosos e 25% e 80% nos solos arenosos (Carpenter et al., 1998). Estas estimativas são consistentes com os números fornecidos por Galloway et al. (2004), que estimam que 25% do N aplicado escapa para contaminar os recursos hídricos. As perdas de nutrientes das terras adubadas e os seus potenciais impactos ambientais são significativos. Com base nos valores acima referidos, podemos estimar que, todos os anos, 8,3 milhões de toneladas de N e 1,5 milhões de toneladas de P provenientes de estrume acabam por contaminar os recursos de água doce. O maior contribuinte é a Ásia, com 2 milhões de toneladas de N e 0,7 milhões de toneladas de P (24% e 47%, respetivamente, das perdas globais provenientes de terras adubadas).

O estrume animal pode também contribuir significativamente para as cargas de metais pesados nos campos de cultivo. Em Inglaterra e no País de Gales, Nicholson et al. (2003) estimaram que, em 2000, foram aplicadas aproximadamente 1 900 toneladas de zinco (Zn) e 650 toneladas de cobre (Cu) em terras agrícolas sob a forma de estrume de animais vivos, o que representa 38% das entradas anuais de Zn (ver Quadro 4.13). Em Inglaterra e no País de Gales, o estrume de bovinos é o maior contribuinte para a deposição de metais pesados através do estrume, principalmente devido às grandes quantidades produzidas e não a teores elevados de metais (Nicholson *et* al., 2003). Na Suíça, o estrume é responsável por cerca de dois terços da carga de Cu e Zn nos fertilizantes e por cerca de 20% da carga de Cd e Pb (Menzi e Kessler, 1998).

Há uma consciência crescente de que o conteúdo de metais pesados no solo está a aumentar em muitos locais e que os níveis críticos podem ser atingidos num futuro previsível (Menzi e Kessler, 1998; Miller, 2001; Schultheib et al., 2003). Nas pastagens, o gado é uma fonte adicional de entrada de P e N no solo sob a forma de manchas de urina e estrume. Os animais geralmente não pastam uniformemente numa paisagem. Os impactos dos nutrientes concentram-se mais onde os animais se reúnem e variam consoante os comportamentos de pastoreio, abeberamento, deslocação e repouso. Quando não são absorvidos pelas plantas ou volatilizados para a atmosfera, estes nutrientes podem contaminar os recursos hídricos. A capacidade das plantas para mobilizar nutrientes é, na maior parte das vezes, ultrapassada pela elevada taxa de aplicação local instantânea de nutrientes. De facto, em sistemas melhorados de pastoreio de gado, a excreção diária de urina por micção de uma vaca em pastoreio é da ordem dos 2 litros aplicados numa área de cerca de 0,4 m^2 . Isto representa uma aplicação instantânea de 400-1 200 kg N por hectare, que excede a capacidade anual de mobilização da erva de 400 kg N ha^{-1} em climas temperados. Estes padrões conduzem frequentemente a uma redistribuição de nutrientes na paisagem, gerando fontes pontuais de poluição locais. Além disso, esta elevada aplicação instantânea de nutrientes pode queimar a vegetação (elevada toxicidade das raízes das plantas), prejudicando o processo de reciclagem natural durante meses (Milchunas e Lauenroth; Whitmore, 2000; Hooda *et al.*, 2000).

A nível global, 30,4 milhões de toneladas de N e 12 milhões de toneladas de P são depositados anualmente pelo gado em sistemas de pastagem. A deposição direta de estrume nas pastagens é extremamente importante na América Central e do Sul, que representam 33% da deposição direta global de N e P. No entanto, este valor está muito subestimado, uma vez que apenas inclui sistemas de pastagem pura. Os sistemas mistos também contribuem para a deposição direta de N e P nos campos de pastagem. Este facto vem juntar-se aos fertilizantes orgânicos ou minerais aplicados nos prados e constitui uma ameaça adicional para a qualidade da água.

Nas pastagens, os efeitos da intensidade do pastoreio nas águas superficiais são variados. Uma intensidade de pastoreio moderada não aumenta normalmente as perdas de P e N no escoamento superficial da pastagem e, por conseguinte, não afecta significativamente os recursos hídricos (Mosley et *al.*, 1997). No entanto, as actividades de pastoreio intensivo aumentam geralmente as perdas de P e N no escoamento superficial das pastagens e aumentam a lixiviação de N para os recursos hídricos subterrâneos (Schepers, Hackes e Francis, 1982; Nelson, Cotsaris e Oades, 1996; Scrimgeour e Kendall, 2002; Hooda et *al.*, 2000).

Resíduos da transformação de animais

Os matadouros, as fábricas de transformação de carne, as fábricas de lacticínios e os curtumes têm um elevado potencial poluente a nível local. Os dois mecanismos poluentes que suscitam preocupação são a descarga direta de águas residuais em cursos de água doce e o escoamento superficial com origem nas zonas de transformação. As águas residuais contêm geralmente níveis elevados de carbono orgânico total (COT), o que resulta numa elevada carência biológica de oxigénio (CBO), que leva a uma redução dos níveis de oxigénio na água e à supressão de muitas espécies aquáticas. Os compostos poluentes incluem também N, P e produtos químicos provenientes das fábricas de curtumes, incluindo compostos tóxicos como o crómio (de Haan, Stein-feld e Blackburn, 1997).

Matadouros

Elevado potencial de poluição local

Nos países em desenvolvimento, a falta de sistemas de refrigeração leva frequentemente à localização de matadouros em zonas residenciais para permitir a entrega de carne fresca. Existe uma grande variedade de locais de abate e de níveis de tecnologia. Em princípio, a transformação industrial em grande escala facilita uma maior utilização de subprodutos como o sangue e facilita a implementação de sistemas de tratamento de águas residuais e a aplicação de regulamentos ambientais (Schiere e van der Hoek, 2000; LEAD, 1999). No entanto, na prática, os matadouros de grande dimensão importam frequentemente a sua tecnologia de países desenvolvidos sem as correspondentes instalações de transformação e tratamento de resíduos. Quando não existem sistemas adequados de gestão de águas residuais, os matadouros locais podem representar uma grande ameaça para a qualidade da água a nível local.

As descargas diretas de águas residuais provenientes de matadouros são frequentemente registadas nos países em desenvolvimento. As águas residuais dos matadouros estão contaminadas com compostos orgânicos, incluindo sangue, gordura, conteúdo do rúmen e resíduos sólidos, como intestinos, pêlos e chifres (Schiere e van der Hoek, 2000). Normalmente, são produzidos 100 kg de estrume e 6 kg de gordura como resíduos por tonelada de produto. O principal poluente a ter em conta é o sangue, que tem uma CBO elevada (150 000 a 200 000 mg/litro). As caraterísticas poluentes por tonelada de peso vivo abatido são apresentadas no Quadro 4.14 e são relativamente semelhantes entre os matadouros de carne vermelha e de aves de capoeira (de Haan, Steinfeld e Blackburn, 1997).

Tendo em conta os valores-alvo europeus para a descarga de resíduos urbanos (por exemplo, 25 mg de CBO, 1 015 mg de N e 12 mg de P por litro), as águas residuais dos matadouros têm um elevado potencial de poluição da água, mesmo quando descarregadas a níveis baixos. De facto, se forem diretamente descarregadas num curso de água, as águas residuais provenientes da transformação de uma tonelada de carne de animais mortos contêm 5 kg de CBO, que teriam de ser diluídos em 200 000

litros de água para cumprirem as normas da UE (de Haan, Steinfeld e Blackburn, 1997).

Curtumes

Fonte de uma vasta gama de poluentes orgânicos e químicos

O processo de curtimento é uma fonte potencial de poluição local elevada, uma vez que as operações de

curtimento podem produzir efluentes contaminados com compostos orgânicos e químicos. As cargas

individuais descarregadas nos efluentes de cada operação de processamento estão resumidas no Quadro

4.15. As actividades de pré-curtimento (incluindo a limpeza e o acondicionamento de couros e peles)

produzem a maior parte da carga de efluentes. A água está contaminada com sujidade, estrume, sangue,

conservantes químicos e produtos químicos utilizados para dissolver os pêlos e a epiderme. Sais de

amónio ácidos, enzimas, fungicidas, bactericidas e solventes orgânicos são amplamente utilizados para

preparar as peles para o processo de curtimento.

Cerca de 80 a 90 por cento das fábricas de curtumes do mundo utilizam atualmente sais de crómio

(Cr III) nos seus processos de curtume. Com as tecnologias modernas convencionais, são utilizados 3 a

7 kg de Cr, 137 a 202 kg de Cl^- , 4 a 9 kg de S_2 - e 52 a 100 kg de SO_4^{2-} por tonelada de couro cru. Isto

representa localmente uma elevada ameaça ambiental para os recursos hídricos se não existirem

tratamentos adaptados das águas residuais - como é frequentemente o caso nos países em

desenvolvimento. De facto, na maioria dos países em desenvolvimento, os efluentes das fábricas de

curtumes são eliminados através de esgotos, descarregados em águas de superfície interiores e/ou

irrigados (Gate information services - GTZ, 2002; de Haan, Steinfeld e Blackburn, 1997). As águas

residuais das fábricas de curtumes, com as suas elevadas concentrações de crómio e sulfuretos de

hidrogénio, afectam grandemente a qualidade da água local e os ecossistemas, incluindo os peixes e

outros seres aquáticos. Os sais de Cr (III) e Cr (VI) são conhecidos como compostos carcinogénicos (sendo o último muito mais tóxico). De acordo com as normas da OMS, a concentração máxima permitida de crómio para água potável é de 0,05mg/l. Em áreas de elevada atividade de curtumes, o nível de crómio nos recursos de água doce pode exceder largamente este nível. Quando as águas residuais de curtumes minerais são aplicadas em terrenos agrícolas, a produtividade do solo pode ser afetada negativamente e os compostos químicos utilizados durante o processo de curtume podem lixiviar e contaminar os recursos hídricos subterrâneos (Gate information services GTZ, 2002; de Haan, Steinfeld e Blackburn, 1997; Schiere e van der Hoek, 2000).

As estruturas de curtume tradicionais (os restantes 10 a 20 por cento) utilizam cascas e frutos secos de curtume vegetal ao longo de todo o processo de curtume. Mesmo que os taninos vegetais sejam biodegradáveis, continuam a representar uma ameaça para a qualidade da água quando utilizados em grandes quantidades. A matéria orgânica em suspensão (incluindo pêlos, carne e resíduos de sangue) proveniente das peles tratadas e dos curtumes vegetais pode tornar a água turva e constitui uma séria ameaça para a qualidade da água.

As tecnologias avançadas podem reduzir consideravelmente as cargas poluentes, especialmente de crómio, enxofre e azoto amoniacal.

CAPÍTULO 8: POLUIÇÃO PROVENIENTE DA PRODUÇÃO DE ALIMENTOS PARA ANIMAIS E FORRAGENS

Nos últimos dois séculos, o aumento da pressão sobre as terras agrícolas, associado a práticas deficientes de gestão das terras, provocou um aumento das taxas de erosão e uma diminuição da fertilidade dos solos em vastas áreas, tendo o sector pecuário contribuído largamente para este processo.

Estima-se que a produção de alimentos para animais represente 33% das terras agrícolas cultivadas (Capítulo 2). A procura crescente de produtos alimentares e de alimentos para animais, combinada com o declínio da fertilidade natural das terras agrícolas resultante do aumento da erosão, conduziu a uma maior utilização de factores de produção químicos e orgânicos (incluindo fertilizantes e pesticidas) para manter elevados rendimentos agrícolas. Este aumento, por sua vez, contribuiu para a poluição generalizada dos recursos de água doce. Como veremos nesta secção, na maior parte das zonas geográficas, o sector da pecuária deve ser considerado o principal motor da tendência para o aumento da produção agrícola. Nutrientes

Já vimos (na secção 4.3.1) que o estrume aplicado às culturas (incluindo as culturas forrageiras) pode estar associado à poluição da água. Nesta secção, centramo-nos na fertilização das culturas forrageiras com fertilizantes minerais. Embora as duas práticas sejam complementares e estejam frequentemente combinadas, separámo-las aqui para clareza da análise. A sua integração e o conceito de planos de gestão de nutrientes serão discutidos na secção sobre opções de atenuação.

A utilização de fertilizantes minerais para a produção de alimentos para animais e para consumo humano aumentou significativamente desde a década de 1950. Entre 1961 e 1980, o consumo de fertilizantes azotados foi multiplicado por 2,8 (de 3,5 para 9,9 milhões de toneladas por ano) e 3,5 (de 3,0 para 10,8 milhões de toneladas por ano) na Europa (15) e nos Estados Unidos, respetivamente. De forma idêntica, o consumo de adubos fosfatados foi multiplicado por 1,5 (de 3,8 para 5,7 milhões de toneladas por ano) e 1,9 (de 2,5 para 4,9 milhões de toneladas por ano) nestas regiões. Atualmente, os seres humanos libertam a mesma quantidade de N e P para os ecossistemas terrestres1. Nutrientes

Já vimos (na secção 4.3.1) que o estrume aplicado às culturas (incluindo as culturas forrageiras) pode estar associado à poluição da água. Nesta secção, centramo-nos na fertilização das culturas forrageiras com fertilizantes minerais. Embora as duas práticas sejam complementares e estejam frequentemente combinadas, separámo-las aqui para clareza da análise. A sua integração e o conceito de planos de gestão de nutrientes serão discutidos na secção sobre opções de atenuação.

A utilização de fertilizantes minerais para a produção de alimentos para animais e para consumo humano aumentou significativamente desde a década de 1950. Entre 1961 e 1980, o consumo de fertilizantes azotados foi multiplicado por 2,8 (de 3,5 para 9,9 milhões de toneladas por ano) e 3,5 (de 3,0 para 10,8 milhões de toneladas por ano) na Europa (15) e nos Estados Unidos, respetivamente. De forma idêntica, o consumo de adubos fosfatados foi multiplicado por 1,5 (de 3,8 para 5,7 milhões de toneladas por ano) e 1,9 (de 2,5 para 4,9 milhões de toneladas por ano) nestas regiões. Atualmente, os seres humanos libertam o máximo de N e P para o ambiente terrestre, tendo sido desenvolvidas normas e políticas para controlar as taxas de aplicação, os métodos e o calendário. No entanto, como a maioria das variedades de culturas modernas exige taxas relativamente elevadas de aplicação de fertilizantes, a utilização de fertilizantes continua a ser elevada (Tilman *et* al., 2001; Stoate *et* al., 2001).

A Ásia é o principal utilizador de fertilizantes minerais, com 57% e 54,5% do consumo global de N e P, respetivamente. Em contrapartida, o consumo de fertilizantes na África Subsaariana é ainda insignificante, representando 0,8% e 1,2% do consumo global de N e P, respetivamente.

O aumento do consumo de fertilizantes nos últimos 50 anos fez da agricultura uma fonte crescente de poluição da água (Ongley, 1996; Carpenter, 1998).

O sector da pecuária é uma das principais causas deste aumento. O Quadro 4.17 descreve a contribuição do sector pecuário para o consumo de N e P em 12 países importantes, abrangendo tanto a produção animal como a produção de alimentos para animais. Em cinco deles, o gado é direta ou indiretamente responsável por mais de 50% do N e P minerais aplicados nas terras agrícolas (ou seja, Canadá, França, Alemanha, Reino Unido e Estados Unidos). O caso extremo é o do Reino Unido, onde o gado contribui com 70% e 58%, respetivamente, da quantidade de N e P aplicados nas terras agrícolas. Nos quatro países europeus, podemos também registar as elevadas taxas de fertilização das pastagens. No Reino Unido, por exemplo, as pastagens representam 45,8 por cento do consumo de N e 31,2 por cento do consumo de P na agricultura.

Nestes países, podemos razoavelmente supor que o sector pecuário é o principal contribuinte para a poluição da água derivada dos fertilizantes minerais nas terras agrícolas. Nos outros países estudados, esta contribuição é também extremamente importante. No Brasil e em Espanha, a contribuição da pecuária para a utilização agrícola de N e P é superior a 40%. A contribuição da pecuária é relativamente menos importante na Ásia, com 16% para a utilização de N na China e 3% para a utilização de P e N na Índia. No entanto, apesar de baixo em valor relativo, o volume de N e P utilizado pelo sector dos animais vivos é extremamente elevado em termos absolutos, uma vez que a Ásia representa quase 60% do consumo global de fertilizantes minerais N e P.

Quando aplicados em terras agrícolas, os nitrogénios e os fosfatos chegam aos cursos de água através da lixiviação, do escoamento superficial, do fluxo subsuperficial e da erosão do solo (Stoate *et al.*, 2001). O transporte de N e P depende do momento e da taxa de aplicação dos fertilizantes, juntamente com a gestão da utilização das terras e as caraterísticas do local (textura e perfil do solo, declive, cobertura vegetal) e do clima (caraterísticas da precipitação). Este último influencia particularmente o processo de lixiviação (especialmente para o N) e a contaminação dos recursos hídricos subterrâneos (Singh e Sekhon, 1979; Hooda etal., 2000).

Na Europa, a concentração de NO3 excedeu as normas internacionais (no3:45 mg/litro; NO$_3$ -N:10 mg/litro) nas águas subterrâneas abaixo de 22 por cento das terras cultivadas (Jalali, 2005; Laegreid et al., 1999). Nos Estados Unidos, estima-se que 4,5 milhões de pessoas bebem água de poços que contêm nitratos acima das normas (Osterberg e Wallinga, 2004; Bellows, 2001; Hooda *et al.*, 2000). Nos países em desenvolvimento, numerosas avaliações mostraram a ligação entre elevadas taxas de fertilização, irrigação e poluição das águas subterrâneas por nitratos (Costa et al., 2002; Jalali, 2005; Zhang et al., 1996).

As taxas de perda de N e P estimadas por Carpenter et al. (1998) e Galloway et al. (2004) (ver Secção 4.3.1) foram utilizadas para estimar as perdas de N e P para os ecossistemas de água doce provenientes de fertilizantes minerais consumidos na produção de alimentos para animais e forragens (ver Quadro 4.18). Registam-se perdas elevadas sobretudo nos Estados Unidos (com 1 174 000 toneladas de N e 253 000 toneladas de P), na China (750 000 toneladas de N e 124 000 toneladas de P) e na Europa.

Não é possível fazer uma estimativa exacta da contribuição relativa do sector pecuário para a poluição da água por N e P a nível global, devido à falta de dados. No entanto, esta contribuição relativa pode ser investigada nos Estados Unidos com base no trabalho apresentado por Carpenter et al., 1998 (ver Quadro 4.19). A contribuição do sector pecuário, incluindo as perdas de N e P das terras de cultivo utilizadas para alimentação animal, pastagens e terrenos de pastagem, representa um terço da descarga total de N e P nas águas de superfície.

Estes impactos representam um custo para a sociedade que pode (dependendo do valor de oportunidade dos recursos afectados) ser enorme. O sector pecuário é o primeiro contribuinte para estes custos em vários países. No Reino Unido, o custo da remoção dos nitratos da água potável é estimado em 10 dólares por kg, totalizando 29,8 milhões de dólares por ano (Pretty *et al.*, 2000). Os custos associados à erosão e à poluição por P são ainda mais elevados e estimados em 96,8 milhões de dólares. Estes valores são provavelmente subestimados, uma vez que não incluem os custos associados aos impactos nos ecossistemas.

Pesticidas utilizados na produção de alimentos para animais

A agricultura moderna depende da utilização de pesticidas[7] para manter rendimentos elevados. A utilização de pesticidas diminuiu em muitos países da OCDE, mas continua a aumentar na maioria dos países em desenvolvimento (Stoate et al., 2001; Margni et al., 2002; Ongley 1996). Os pesticidas aplicados nas terras agrícolas podem contaminar o ambiente (solo, água e ar) e afetar os organismos vivos e os microrganismos não visados, prejudicando assim o bom funcionamento dos ecossistemas. Constituem também um risco para a saúde humana, devido à presença de resíduos na água e nos alimentos (Margni et al., 2002; Ongley, 1996).

Atualmente, são utilizadas várias centenas de pesticidas diferentes para fins agrícolas em todo o mundo. As duas classes mais importantes são os compostos organoclorados e organofosforados (Golfinopoulos et al., 2003). A contaminação dos recursos hídricos superficiais por pesticidas é registada em todo o mundo. Embora seja difícil separar o papel dos pesticidas do dos compostos industriais que são libertados no ambiente, há provas de que a utilização agrícola de pesticidas representa uma grande ameaça para a   qualidade da água (Ongley,   1996).   Nos   Estados Unidos, por exemplo, o Inquérito Nacional sobre Pesticidas da Agência de Proteção do Ambiente concluiu que 10,4% dos poços comunitários e 4,2% dos poços rurais continham níveis detectáveis de um ou vários pesticidas (Ongley, 1996).

A principal forma de perda de pesticidas das culturas tratadas é a volatilização, mas o escoamento, a drenagem e a lixiviação podem levar à contaminação indireta das águas superficiais e subterrâneas. A contaminação direta dos recursos hídricos pode ocorrer durante a aplicação de pesticidas, uma vez que estes podem deslocar-se parcialmente por via aérea para zonas não visadas a sotavento, onde podem afetar a fauna, a flora e os seres humanos (Siebers, Binner e Wittich, 2003; Cerejeira *et al.*, 2003; Ongley, 1996).

A persistência dos pesticidas nos solos também varia em função dos processos de escoamento, volatilização e lixiviação e dos processos de degradação, que variam em função da estabilidade química dos compostos (Dalla Villa et *al.*, 2006). Muitos pesticidas (nomeadamente os pesticidas organofosforados) dissipam-se rapidamente nos solos devido à mineralização. Mas outros (pesticidas organoclorados) são muito resistentes e permanecem activos durante mais tempo no ecossistema. Como resistem à biodegradação, podem ser reciclados através das cadeias alimentares e atingir concentrações mais elevadas nos níveis superiores da cadeia alimentar (Golfinopoulos et *al.*, 2003; Ong-ley, 1996; Dalla Villa et *al.*, 2006).

A contaminação das águas superficiais pode ter efeitos ecotoxicológicos sobre a flora e a fauna aquáticas, bem como sobre a saúde humana, se a água for utilizada para consumo público. Os impactos são o resultado de dois mecanismos distintos: a bioconcentração e a bioampliação (Ongley, 1996). A bioconcentração refere-se aos mecanismos através dos quais os pesticidas se concentram no tecido adiposo ao longo da vida de um indivíduo. A bioampliação refere-se aos mecanismos pelos quais as concentrações de pesticidas aumentam ao longo da cadeia alimentar, resultando numa concentração elevada nos predadores de topo e nos seres humanos. Os pesticidas afectam a saúde dos animais selvagens (incluindo peixes, crustáceos, aves e mamíferos) e das plantas. Podem causar cancros, tumores e lesões, perturbação dos sistemas imunitário e endócrino, modificação dos comportamentos reprodutivos e defeitos de nascença (Ongley, 1996; Cerejeira *et al.*, 2003). Como resultado destes impactos, toda a cadeia alimentar pode ser afetada.

A contribuição do sector pecuário para a utilização de pesticidas é ilustrada na Caixa 4.3 para os Estados Unidos. Em 2001, o volume de herbicida utilizado no milho e na soja dos EUA ascendeu a 74 600 toneladas, o que representa 70% da utilização total de herbicidas na agricultura. No caso dos insecticidas, a contribuição relativa da produção de milho e soja para alimentação animal para a utilização agrícola total diminuiu de 26,3% para 7,3% entre 1991 e 2001, em resultado de melhorias tecnológicas, da introdução de culturas geneticamente modificadas e da maior toxicidade dos pesticidas (Ackerman et al., 2003). Embora a contribuição relativa da produção de alimentos para animais (sob a forma de soja e milho) para a utilização de pesticidas esteja a diminuir nos Estados Unidos (de 47% em 1991 para 37% em 2001), os sistemas de produção animal continuam a ser um dos principais contribuintes para a sua utilização.

Podemos assumir que o papel dos sistemas de produção animal na utilização de pesticidas é igualmente importante noutros países produtores de alimentos para animais, incluindo a Argentina, o Brasil e a China,
Índia e Paraguai.

Sedimentos e aumento dos níveis de turvação resultantes da erosão induzida pelo gado

A erosão do solo é o resultado de factores bióticos, como o gado ou a atividade humana, e abióticos, como o vento e a água (Jayasuriya, 2003). A erosão do solo é um processo natural e não constitui um problema quando a regeneração do solo é igual ou superior à sua perda. No entanto, na maior parte do mundo, não é esse o caso. A erosão do solo aumentou dramaticamente devido às actividades humanas. Grande parte do mundo, incluindo a Europa, a Índia, o Leste e o Sul. A China, o Sudeste Asiático, o Leste dos Estados Unidos e a África do Sahel estão particularmente em risco devido à erosão hídrica induzida pelo homem

Para além da perda de solo e da fertilidade do solo, a erosão também resulta no transporte de sedimentos para os cursos de água. Os sedimentos são considerados como a principal fonte não pontual de poluição da água relacionada com as práticas agrícolas (Jayasuriya, 2003). Como resultado dos processos de erosão, 25 mil milhões de toneladas de sedimentos são transportados pelos rios todos os anos. Com o aumento da procura mundial de alimentos para animais e para consumo humano, os custos ambientais e económicos da erosão estão a aumentar dramaticamente.

Conforme apresentado no capítulo 2, o sector pecuário é um dos principais contribuintes para o processo de erosão do solo. A produção animal contribui para a erosão do solo e, por conseguinte, para a poluição sedimentar dos cursos de água de duas formas diferentes:
- indiretamente, ao nível da produção de alimentos para animais, quando as terras cultivadas são geridas
    de forma inadequada ou em resultado da conversão das terras; e
- diretamente, através do impacto dos cascos dos animais e do pastoreio nas pastagens.
As terras de cultivo, especialmente sob agricultura intensiva, são geralmente mais propensas à erosão do que outros usos do solo. Os principais factores que contribuem para o aumento das taxas de erosão nas terras de cultivo são desenvolvidos no Capítulo 2. A Direção do Ambiente da União Europeia estima que a perda média anual de solo no Norte da Europa é superior a 8 toneladas/ha. No Sul da Europa, podem perder-se 30 a 40 toneladas/ha^{-1} numa única tempestade (De la Rosa *et al.*, 2000 citado por Stoate *et al.*, 2001). Nos Estados Unidos, cerca de 90% das terras cultivadas estão atualmente a perder solo, acima da taxa sustentável, e a agricultura é identificada como a principal causa da deterioração dos recursos hídricos por sedimentos (Uri e Lewis, 1998). Calcula-se que as taxas de erosão do solo na Ásia, em África e na América do Sul sejam duas vezes superiores às dos Estados Unidos (National Park

Service, 2004). Nem todo o solo superior erodido acaba por contaminar os recursos hídricos. Cerca de 60 por cento ou mais do solo erodido é eliminado do escoamento superficial antes de chega a um corpo de água, e pode aumentar a fertilidade do solo localmente, a jusante das áreas que estão a perder solo (Jayasuriya, 2003).

Por outro lado, a "ação dos cascos" concentrada do gado em zonas como as margens dos cursos de água, os trilhos, os pontos de água, os locais de salga e de alimentação provoca a compactação dos solos húmidos (vegetados ou expostos) e perturba mecanicamente os solos secos e expostos.

Os solos compactados e/ou impermeáveis podem ter taxas de infiltração reduzidas e, por conseguinte, aumentar o volume e a velocidade do escoamento superficial. Os solos soltos pelo gado durante a estação seca são uma fonte de sedimentos no início da nova estação das chuvas. Nas zonas ribeirinhas, a desestabilização das margens dos cursos de água pelas actividades pecuárias contribui localmente para uma elevada descarga de material erodido. Além disso, o gado pode sobrepastorear a vegetação, perturbando o seu papel de retenção e estabilização do solo e agravando a erosão e a poluição (Mwendera e Saleem, 1997; Sundquist, 2003; Redmon, 1999; Engels, 2001; Folliott, 2001; Bellows, 2001; Mosley *et al.*, 1997; Clark Conservation District, 2004; East Bay Municipal Utility District, 2001).

- O processo de erosão diminui a capacidade de retenção de água do solo no local. Os impactos fora do local estão relacionados com a deterioração dos recursos hídricos e incluem o aumento da sedimentação em reservatórios, rios e canais, resultando na obstrução de cursos de água e no entupimento de sistemas de drenagem e irrigação.
- Destruição dos habitats dos ecossistemas aquáticos. Os leitos dos cursos de água e os recifes de coral são cobertos por sedimentos finos, que cobrem as fontes de alimento e os locais de nidificação. O aumento da turvação da água reduz a quantidade de luz disponível na coluna de água para o crescimento de plantas e algas, aumenta a temperatura da superfície, afecta a respiração e a digestão

dos organismos aquáticos e cobre.

- Perturbação das caraterísticas hidráulicas do canal, resultando num pico de caudal mais elevado que

conduz à perda de infra-estruturas e vidas durante as inundações e à redução da água

disponibilidade durante a estação seca.
- Transporte de nutrientes e poluentes agrícolas adsorvidos, especialmente fósforo, pesticidas clorados

e a maioria dos metais, para reservatórios e cursos de água, resultando num processo de poluição

acelerado. A adsorção de sedimentos é influenciada pelo tamanho das partículas e pela quantidade

de carbono orgânico particulado associado ao sedimento.

- Influência sobre os microrganismos. Os sedimentos favorecem o crescimento dos microrganismos e

protegem-nos dos processos de desinfeção.

- Eutrofização: A diminuição dos   níveis de   oxigénio   (como

resultado final   da   deterioração   da

funcionamento dos ecossistemas) pode também favorecer o desenvolvimento da microflora

anaeróbia (Ongley,

1996; Jayasuriya, 2003; Uri e Lewis, 1998). O papel dos sistemas de produção animal na erosão e no

aumento dos níveis de turvação é ilustrado por um estudo de caso realizado nos Estados Unidos (ver

Caixa 2.4, Capítulo 2), que identificou os sistemas de produção animal como o principal contribuinte

para a erosão do solo e a poluição da água que lhe está associada, sendo responsáveis por 55% da massa

total de solo erodida das terras agrícolas todos os anos. A nível global, podemos assumir que o sistema

de produção pecuária desempenha um papel importante na contaminação da água por sedimentos em

países com uma importante produção de alimentos para animais ou com grandes áreas dedicadas à

pastagem.

O aumento da erosão tem custos económicos tanto no local como fora dele. No local, a

perda de solo superficial representa uma perda económica para a agricultura através da perda de terra

produtiva, solo superficial, nutrientes e matéria orgânica. Os agricultores têm de manter a produtividade dos campos utilizando fertilizantes que representam um custo considerável e podem poluir ainda mais os recursos hídricos. No entanto, muitos agricultores de pequena escala nos países em desenvolvimento não têm meios para comprar estes factores de produção e, por conseguinte, sofrem uma diminuição dos rendimentos (Ongley, 1996; Jayasuriya, 2003; PNUA, 2003). Fora do local, os sólidos em suspensão impõem custos às instalações de tratamento de água para a sua remoção. A remoção de lamas dos canais dos cursos de água constitui um custo considerável para as populações locais. O custo da erosão nos Estados Unidos em 1997 foi estimado em 29,7 mil milhões de dólares, o que representa 0,4 por cento do PIB (Uri e Lewis, 1998). Os custos associados ao aumento da frequência das inundações são também enormes.

CAPÍTULO 9: IMPACTOS DO USO DO SOLO PELOS ANIMAIS NO CICLO DA ÁGUA

O sector da pecuária não só contribui para a utilização e poluição dos recursos de água doce, como também tem um impacto direto no processo de reabastecimento de água. A utilização do solo pela pecuária afecta o ciclo da água ao influenciar a infiltração e a retenção da água. Este impacto depende do tipo de utilização do solo e, por conseguinte, varia consoante as alterações da utilização do solo.

O pastoreio extensivo altera os fluxos de água

Globalmente, 69,5% das pastagens (5,2 biliões de hectares) em terras secas são consideradas degradadas. A degradação das pastagens é amplamente registada na Europa Central e do Sul, na Ásia Central, na África Subsariana, na América do Sul, nos Estados Unidos e na Austrália (ver Capítulo 2). Estima-se que metade dos 9 milhões de hectares de pastagens da América Central estejam degradados, enquanto mais de 70% das pastagens da zona atlântica norte da Costa Rica se encontram numa fase avançada de degradação. A degradação das terras pelo gado tem um impacto na reposição dos recursos hídricos. O sobrepastoreio e o pisoteio do solo podem comprometer gravemente as funções do ciclo da água dos prados e das zonas ribeirinhas, afectando a infiltração e a retenção da água e a morfologia dos cursos de água.

As terras altas, enquanto cabeceiras dos principais sistemas de drenagem que se estendem até às terras baixas e zonas ribeirinhas,[8] constituem a maior parte das bacias hidrográficas e desempenham um papel fundamental na quantidade e distribuição da água. Numa bacia hidrográfica que funcione corretamente, a maior parte da precipitação é absorvida pelo solo nas terras altas, sendo depois redistribuída por toda a bacia hidrográfica através do movimento subterrâneo e do escoamento superficial controlado. Quaisquer actividades que afectem a hidrologia das terras altas têm, portanto, impactos significativos nos recursos hídricos das terras baixas e das zonas ribeirinhas (Mwendera e Saleem, 1997; British Columbia Ministry of Forests, 1997; Grazing and Pasture Technology Program, 1997).

Os ecossistemas ripícolas aumentam o armazenamento de água e a recarga de águas subterrâneas. Os solos das zonas ribeirinhas são diferentes dos das zonas de montanha, pois são ricos em nutrientes e matéria orgânica, o que permite que o solo retenha grandes quantidades de humidade. A presença de vegetação abranda a chuva e permite que a água penetre no solo, facilitando a infiltração e a percolação e recarregando as águas subterrâneas. A água desce pelo subsolo e infiltra-se no canal ao longo do ano, ajudando a transformar o que, de outro modo, seriam cursos de água intermitentes em fluxos perenes e aumentando a disponibilidade de água durante a estação seca (Schultz, Isenhart e Colletti, 1994; Patten *et al.*, 1995; English, Wilson e Pinker-ton,1999; Belsky, Matzke e Uselman, 1999). A vegetação filtra os sedimentos, acumula e reforça a estabilidade das margens dos cursos de água. Também reduz a sedimentação dos cursos de água e reservatórios, aumentando assim a disponibilidade de água (McKergow et al., 2003).

A infiltração separa a água em duas componentes hidrológicas principais: o escoamento superficial e a recarga sub-superficial. O processo de infiltração influencia a origem, o momento, o volume e a taxa de pico do escoamento superficial. Quando a precipitação é capaz de penetrar na superfície do solo a taxas adequadas, o solo fica protegido contra a erosão acelerada e a fertilidade do solo pode ser mantida. Quando não consegue infiltrar-se, escorre como fluxo superficial. O escoamento superficial pode descer a encosta para ser infiltrado noutra parte da encosta, ou pode continuar e entrar num canal de um ribeiro. Qualquer mecanismo que afecte o processo de infiltração nas terras altas tem, portanto, consequências muito para além da área local (Bureau of Land Management, 2005; Pidwirny M., 1999; Diamond e Shanley, 1998; Ward, 2004; Tate, 1995; Harris eiaZ., 2005).

O impacto direto do gado no processo de infiltração varia, dependendo da intensidade, frequência e duração do pastoreio. Nos ecossistemas de pastagem, a capacidade de infiltração é influenciada principalmente pela estrutura do solo e pela densidade e composição da vegetação. Quando a cobertura vegetal diminui, o teor de matéria orgânica do solo e a estabilidade agregada do solo diminuem, reduzindo a capacidade de infiltração do solo. A vegetação influencia ainda mais o processo de infiltração ao proteger o solo das gotas de chuva, enquanto as suas raízes melhoram a estabilidade e a porosidade do solo. Quando as camadas do solo são compactadas pelo pisoteio, a porosidade é reduzida e o nível de infiltração diminui drasticamente. Assim, quando não são adequadamente geridas, as actividades de pastoreio modificam as propriedades físicas e hidráulicas dos solos e dos ecossistemas, resultando num aumento do escoamento superficial, aumento da erosão, aumento da frequência dos picos de escoamento, aumento da velocidade da água, redução do escoamento no final da estação e redução dos lençóis freáticos (Belsky, Matzke e Uselman, 1999; Mwendera e Saleem, 1997).

Geralmente, a intensidade do pastoreio é reconhecida como o fator mais crítico. O pastoreio moderado ou ligeiro reduz a capacidade de infiltração para cerca de três quartos do estado não pastoreado, enquanto o pastoreio intenso reduz a capacidade de infiltração para cerca de metade (Gifford e Hawkins, 1978 citados por Trimble e Mendel, 1995). De facto, o pastoreio influencia a composição e a produtividade da vegetação. Sob forte pressão de pastoreio, as plantas podem não ser capazes de compensar suficientemente a fitomassa removida pelos animais em pastoreio. Com a diminuição do teor de matéria orgânica do solo, da fertilidade do solo e da estabilidade dos agregados do solo, o nível de infiltração natural é afetado (Douglas e Crawford, 1998; Engels, 2001). A pressão do pastoreio aumenta a quantidade de vegetação menos desejável (arbustos, árvores infestantes) que pode extrair água do perfil mais profundo do solo. A alteração da composição das espécies vegetais pode não ser tão eficaz na interceção das gotas de chuva e no retardamento do escoamento superficial (Trimble e Mendel, 1995; Tadesse e Peden, 2003; Integrated Resource Management, 2004; Redmon, 1999; Harper, George e Tate, 1996). O período de pastoreio também é importante, pois quando os solos estão húmidos podem ser mais facilmente compactados e as margens dos cursos de água podem ser facilmente desestabilizadas e destruídas.

Os animais que pastam são também importantes agentes de alteração geomorfológica, uma vez que os seus cascos remodelam fisicamente o terreno. No caso dos bovinos, a força é normalmente calculada como a massa da vaca (500 kg aprox.) dividida pela área basal do casco (10 cm^2). No entanto, esta abordagem pode conduzir a subestimações, uma vez que os animais em movimento podem ter uma ou mais patas fora do chão e a massa está frequentemente concentrada na pata traseira mais baixa. Em locais pontuais, os bovinos, ovinos e caprinos podem facilmente exercer tanta pressão descendente sobre o solo como um trator (Trimble e Mendel, 1995; Sharrow, 2003).

A formação de camadas compactadas no solo diminui a infiltração e causa a saturação do solo (Engels, 2001). A compactação ocorre particularmente em áreas onde os animais se concentram, como pontos de água, portões ou caminhos. Os trilhos podem tornar-se condutas para o escoamento superficial e podem gerar novos cursos de água transitórios (Clark Conservation District, 2004; Belsky, Matzke e Uselman, 1999). O aumento do escoamento superficial das terras altas resulta num pico de caudal mais elevado e numa maior velocidade da água. A intensificação da força erosiva resultante aumenta o nível de sedimentos em suspensão e aprofunda o canal. À medida que o leito do canal é rebaixado, a água drena da planície de inundação para o canal, baixando o nível freático localmente. A velocidade excessiva da água pode afetar grandemente o ciclo biogeoquímico e as funções naturais do ecossistema em termos de sedimentos, nutrientes e contaminantes biológicos (Rutherford e Nguyen, 2004; Wilcock *et al.*, 2004; Harvey, Conklin e Koelsch, 2003, Belsky, Matzke e Uselman, 1999; Nagle e Clifton, 2003).

Em ecossistemas frágeis, como as zonas ribeirinhas, estes impactos podem ser dramáticos. O gado evita ambientes quentes e secos e prefere as zonas ribeirinhas devido à disponibilidade de água, sombra, cobertura vegetal e à qualidade e variedade de forragens verdejantes e exuberantes. Um estudo realizado

nos Estados Unidos (Oregon) mostrou que as zonas ribeirinhas representam apenas 1,9% da superfície

de pastagem, mas produzem 21% da forragem disponível e contribuem com 81% da forragem consumida

pelo gado (Mosley et al., 1997; Patten et al., 1995; Belsky *et al.*, 1999; Nagle e Clifton, 2003). O gado, por

conseguinte, tende a sobrepastorear estas áreas e a desestabilizar mecanicamente as margens dos cursos

de água, reduzindo a disponibilidade de água a nível local.

Assim, assiste-se a toda uma cadeia de alterações no ambiente ribeirinho (ver Figura 4.2): as alterações

hidrológicas ribeirinhas - tais como a descida dos lençóis freáticos, a redução das frequências de

escoamento sobre as margens e a secagem da zona ribeirinha - são frequentemente seguidas de

alterações na vegetação e nas actividades microbiológicas (Micheli e Kirchner, 2002). Um lençol freático

mais baixo resulta numa margem mais alta do curso de água. Como consequência, as raízes das plantas

ribeirinhas ficam suspensas em solos mais secos e a vegetação muda para espécies xéricas, que não têm

a mesma capacidade de proteger as margens e a qualidade da água do ribeiro (Florinsky et al., 2004). À

medida que a gravidade provoca o colapso das margens, o canal começa a encher-se de sedimentos. Um

novo canal de baixo caudal começa a formar-se a uma cota mais baixa. A antiga planície de inundação

torna-se um terraço seco, diminuindo assim a disponibilidade de água em toda a área (ver Figura 4.2)

(Melvin, 1995; National Public Lands Grazing Campaign, 2004; Micheli e Kirchner, 2002; Belsky et al.,

1999; Bull, 1997; Melvin et al., 2004; English, Wilson e Pinkerton,i999; Waters, 1995).

No que respeita ao potencial impacto do pastoreio no ciclo da água, deverá ser prestada especial

atenção às regiões e países que desenvolveram sistemas de produção animal extensiva, como a Europa

Central e Meridional, a Ásia Central, a Ásia Subsaariana e a África do Sul.

África do Sara, América do Sul, Estados Unidos e Austrália.

Conversão do uso do solo

Tal como apresentado no Capítulo 2, o sector pecuário é um importante agente de conversão de terras.

Grandes áreas de pastagens originais foram convertidas em terras que produzem culturas forrageiras. Do mesmo modo, a conversão de florestas em terras agrícolas foi maciça ao longo dos últimos séculos e continua a ocorrer a um ritmo acelerado na América do Sul e na África Central

Uma mudança de uso do solo conduz frequentemente a alterações no balanço hídrico das bacias hidrográficas, afectando o caudal do rio,^ a frequência e o nível dos picos de caudal e o nível de recarga das águas subterrâneas. Os factores que desempenham um papel fundamental na determinação das alterações hidrológicas que ocorrem após a alteração da utilização do solo e/ou da vegetação incluem: clima (principalmente precipitação); gestão da vegetação; infiltração superficial; taxas de evapotranspiração da nova vegetação e propriedades da bacia hidrográfica (Brown *et* al., 2005).

As florestas desempenham um papel importante na gestão do ciclo natural da água. A copa das árvores suaviza a queda das gotas de chuva, a folhagem melhora a capacidade de infiltração do solo e aumenta a recarga das águas subterrâneas. Além disso, as florestas e, em especial, as florestas tropicais, têm uma procura líquida de caudal que ajuda a moderar os picos de caudal das tempestades ao longo do ano (Quinlan Consulting, 2005; Ward e Robinson, 2000 in Quinlan Consulting, 2005). Consequentemente, quando a biomassa florestal é removida, a produção anual total de água aumenta de forma correspondente.

Enquanto as perturbações da superfície forem limitadas, a maior parte do aumento anual permanece como caudal de base. No entanto, muitas vezes - especialmente quando os prados ou as florestas são convertidos em terras de cultivo - as oportunidades de infiltração da precipitação são reduzidas, a intensidade e a frequência dos picos de caudal das tempestades aumentam, as reservas de água subterrânea não são adequadamente reabastecidas durante a estação das chuvas e há fortes declínios nos caudais da estação seca (Bruijnzeel, 2004). São registadas alterações substanciais no escoamento das bacias hidrográficas após tratamentos como a conversão de florestas em pastagens ou a florestação de bacias de captação (Siriwardena *et al.*, 2006; Brown *et* al., 2005).

Os efeitos da alteração da composição da vegetação na produção sazonal de água dependem muito das condições locais. Brown et al. (2005) resumem a resposta sazonal esperada na produção de água, dependendo dos tipos de clima (ver Quadro 4.21). Em bacias hidrográficas tropicais, dois tipos Observam-se dois tipos de resposta: uma alteração proporcional uniforme ao longo do ano ou uma maior alteração sazonal durante a estação seca. Nas zonas de precipitação dominante no inverno, verifica-se uma redução acentuada dos caudais de verão em relação aos caudais de inverno. Isto deve-se principalmente ao facto de a precipitação e a evapo-transpiração estarem desfasadas: a maior procura de água pela vegetação ocorre no verão, quando a disponibilidade de água é baixa (Brown et al., 2005).

O caso da bacia do rio Mississippi ilustra perfeitamente como a conversão do uso do solo relacionada com a produção pecuária afecta a disponibilidade sazonal de água ao nível da bacia. Na bacia do Mississippi, as plantas endógenas de estação fria saem da dormência na primavera, após o degelo do solo, entram em dormência no calor do verão e voltam a estar activas no outono, se não forem colhidas. Em contrapartida, as culturas exógenas de estação quente, como o milho e a soja (utilizadas principalmente como alimento para animais), têm um período de crescimento que se estende por meados do ano. Para estas últimas, o pico da procura de água é atingido em meados do verão. A alteração da vegetação na bacia do rio Mississippi conduziu a uma discrepância entre o pico de precipitação que ocorre na primavera e no início do verão e a procura sazonal de água das culturas anuais, que atinge o pico no verão. Esta inadequação sazonal gerada pelo homem entre a oferta e a procura de água pela vegetação influenciou grandemente o caudal de base ao longo do ano nesta região (Zhang e Schilling, 2005).

Resumo do impacto do gado na água

Globalmente, somando os impactos de todos os diferentes segmentos da cadeia de produção, o sector da pecuária tem um enorme impacto na utilização da água, na qualidade da água, na hidrologia e nos ecossistemas aquáticos.

A água utilizada pelo sector excede 8 por cento do consumo humano global de água. A maior parte é água utilizada para a produção de alimentos para animais, representando 7% da utilização global de água. Embora possa ser de importância local, por exemplo no Botsuana ou na Índia, a água utilizada para transformar produtos, para beber e para serviços continua a ser insignificante a nível global (menos de 0,1% da utilização global de água e menos de 12,5% da água utilizada pelo sector pecuário) A avaliação do papel do sector pecuário no esgotamento da água é um processo muito mais complexo. O volume de água esgotado só é avaliável para a água evapotranspirada pelas culturas forrageiras durante a produção de alimentos para animais. Isto representa um

uma quota significativa de 15% da água que se esgota todos os anos.

O volume de poluição das águas   empobrecidas   não é quantificável ,   mas a   forte contribuição do sector pecuário para o processo de poluição tornou-se evidente a partir de análises a nível nacional. Nos Estados Unidos, os sedimentos e os nutrientes são considerados os principais agentes poluidores da água. O sector pecuário é responsável por cerca de 55% da erosão e por 32% e 33%, respetivamente, da carga de N e P nos recursos de água doce. O sector da pecuária também contribui fortemente para a poluição da água por pesticidas (37% dos pesticidas aplicados nos Estados Unidos), antibióticos (50% do volume de antibióticos consumidos nos Estados Unidos) e metais pesados (37% do Zn aplicado em terras agrícolas em Inglaterra e no País de Gales).

A utilização e a gestão das terras para a criação de gado parecem ser o principal mecanismo através do qual o gado contribui para o processo de esgotamento da água. A produção de alimentos para animais e forragens, a aplicação de estrume nas culturas e a ocupação de terras por sistemas extensivos contam-se entre os principais factores de cargas insustentáveis de nutrientes, pesticidas e sedimentos nos recursos hídricos em todo o mundo. O processo de poluição é frequentemente difuso e gradual e os impactos resultantes nos ecossistemas não são muitas vezes perceptíveis até se tornarem graves. Além disso, por ser tão difuso, o processo de poluição é muitas vezes extremamente difícil de controlar, especialmente quando ocorre em zonas de pobreza generalizada.

A poluição resultante da produção industrial de animais vivos (que consiste principalmente em cargas elevadas de nutrientes, aumento da CBO e contaminação biológica) é mais aguda e mais percetível do que a de outros sistemas de produção animal, especialmente quando ocorre perto de áreas urbanas. Uma vez que tem um impacto direto no bem-estar humano e é mais fácil de controlar, a atenuação do impacto da produção pecuária industrial recebe geralmente mais atenção por parte dos decisores políticos.

Transferências nacionais e internacionais de água virtual e custos ambientais

A produção pecuária tem impactos regionais diversos e complexos na utilização e esgotamento da água. Estes impactos podem ser avaliados através do conceito de "água virtual", definido como o volume de água necessário para produzir um determinado produto ou serviço (Allan, 2001). Por exemplo, são necessários, em média, 990 litros de água para produzir um litro de leite (Chapagain e Hoekstra, 2004). A "água virtual" não é, evidentemente, o mesmo que o teor real de água do produto: apenas uma proporção muito pequena da água virtual utilizada é efetivamente incorporada no produto (por exemplo, 1 em 990 litros no exemplo do leite). A água virtual utilizada em vários segmentos da cadeia de produção pode ser atribuída a regiões específicas. A água virtual para a produção de alimentos para animais, destinada à produção animal intensiva, pode ser utilizada numa região ou país diferente da água utilizada diretamente na produção animal.

As diferenças na água virtual utilizada nos diferentes segmentos da produção animal podem estar relacionadas com diferenças na disponibilidade efectiva de água. Isto ajuda, em parte, a explicar as tendências recentes no sector da pecuária (Naylor *et al.*, 2005; Costales, Gerber e Steinfeld, 2006), em que se tem verificado uma maior segmentação espacial a várias escalas da cadeia alimentar animal, especialmente a separação entre a produção animal e a produção de alimentos para animais. Esta última é já claramente discernível a nível nacional e subnacional quando o mapa das principais zonas de produção de alimentos para animais a nível mundial (mapas 5, 6, 7 e 8, anexo 1) é comparado com a distribuição das populações de animais monogástricos (mapas 16 e 17, anexo 1). Ao mesmo tempo, o comércio internacional dos produtos animais finais registou um forte aumento. Ambas as alterações conduzem a um aumento dos transportes e a uma conetividade global fortemente reforçada.

Estas alterações podem ser consideradas à luz da distribuição global desigual dos recursos hídricos. Nas regiões em desenvolvimento, os recursos hídricos renováveis variam entre 18% da precipitação e dos caudais de entrada nas zonas mais áridas (Ásia Ocidental/Norte de África), onde a precipitação é de apenas 180 mm por ano, e cerca de 50% na húmida Ásia Oriental, que tem uma precipitação elevada de cerca de 1 250 mm por ano. Os recursos hídricos renováveis são mais abundantes na América Latina. As estimativas a nível nacional escondem variações muito grandes a nível subnacional - onde os impactos ambientais ocorrem efetivamente. A China, por exemplo, enfrenta uma grave escassez de água no norte, enquanto o sul ainda dispõe de recursos hídricos abundantes. Mesmo um país com abundância de água como o Brasil enfrenta escassez em algumas áreas.

A especialização regional e o aumento do comércio podem ser benéficos para a disponibilidade de água num local, enquanto noutro podem ser prejudiciais.

A transferência espacial de produtos de base (em vez de água) proporciona teoricamente uma solução parcial para a escassez de água, aliviando a pressão sobre os recursos hídricos escassamente disponíveis no recetor. A importância de tais fluxos foi avaliada pela primeira vez no caso do Médio Oriente, ou seja, a região mais carente de água do mundo, com pouca água doce e pouca água no solo (Allen, 2003). O sector da pecuária atenua claramente esta carência de água, graças ao elevado teor de água virtual dos fluxos crescentes de importação de produtos animais (Chapagain e Hoekstra, 2004; Molden e de Fraiture, 2004). Outra estratégia para poupar água local utilizando "água virtual" de outros locais consiste em importar alimentos para a produção animal doméstica, como no caso do Egito, que importa quantidades crescentes de milho para alimentação animal (Wichelns, 2003). No futuro, estes fluxos virtuais podem aumentar significativamente o impacto do sector pecuário nos recursos hídricos. Isto deve-se ao facto de uma grande parte da procura crescente de produtos animais ser satisfeita pela produção intensiva de monogástricos, que depende fortemente da utilização de alimentos para animais que custam água.

No entanto, os fluxos globais de água virtual também têm um lado negativo em termos ambientais. Podem mesmo conduzir a um dumping ambiental prejudicial se as externalidades ambientais não forem internalizadas pelo produtor distante: em regiões com escassez de água, como o Médio Oriente, a disponibilidade de água virtual proveniente de outras regiões abrandou provavelmente o ritmo das reformas que poderiam melhorar a eficiência hídrica local.

Os impactos ambientais estão a tornar-se menos visíveis para um leque cada vez maior de partes interessadas que partilham a responsabilidade por eles. Ao mesmo tempo, há uma dificuldade crescente em identificar as partes interessadas, o que complica a resolução de questões ambientais individuais. Por exemplo, Galloway *et aZ.* (2006) demonstram que o cultivo de alimentos para animais noutros países representa mais de 90% da água utilizada para a produção de produtos animais consumidos no Japão (3,3 km3 num total de 3,6 km^3). A reconstituição destes fluxos mostra que têm origem principalmente em regiões de cultivo de alimentos para animais não particularmente abundantes em água, em países como a Austrália, a China, o México e os Estados Unidos. Seguindo uma abordagem semelhante para o azoto, os autores mostram que os consumidores japoneses de carne podem também ser responsáveis pela poluição da água em países distantes.

Opções de atenuação

Existem opções múltiplas e eficazes de atenuação no sector pecuário que permitiriam inverter as actuais tendências de esgotamento dos recursos hídricos e afastar-se do cenário "business as usual" descrito por Rosegrant, Cai e Cline (2002) de um aumento constante das captações de água e de um stress e escassez crescentes.

As opções de mitigação assentam geralmente em três princípios principais: redução da utilização da água, redução do processo de esgotamento e melhoria da reposição dos recursos hídricos. Analisá-los-emos no resto do presente capítulo em relação a várias opções técnicas. O ambiente político propício para apoiar a implementação efectiva destas opções será desenvolvido em

Melhoria da eficiência na utilização da água

Como demonstrado, a utilização da água é fortemente dominada pelo sector pecuário mais intensivo, através da produção de culturas forrageiras, principalmente cereais grosseiros e culturas oleaginosas ricas em proteínas. As opções neste domínio são semelhantes às propostas pela literatura mais genérica sobre água e agricultura. No entanto, dada a grande e crescente quota-parte das culturas forrageiras no consumo global de água

especialmente aqueles que já estão a sofrer de stress hídrico com custos de oportunidade substanciais, merecem ser reiterados. As duas principais áreas que podem ser melhoradas são a eficiência da irrigação[10] e a produtividade da água.

Melhorar a eficiência da irrigação

Com base na análise de 93 países em desenvolvimento, a FAO (2003a) calculou que, em média, a eficiência da irrigação era de cerca de 38% em 1997/99, variando entre 25% em zonas de recursos hídricos abundantes (América Latina) e 40% na região da Ásia Ocidental/Norte de África e 44% no Sul da Ásia, onde a escassez de água exige eficiências mais elevadas.

Em muitas bacias, grande parte da água que se pensa ser desperdiçada é utilizada para recarregar as águas subterrâneas ou flui de volta para o sistema fluvial, de modo a poder ser utilizada através de poços, por pessoas e ecossistemas a jusante. No entanto, mesmo nestas situações, a melhoria da eficiência da irrigação pode proporcionar outros benefícios ambientais. Em alguns casos, pode poupar água - por exemplo, se a drenagem da irrigação estiver a fluir para aquíferos salinos onde não pode ser reutilizada. Pode ajudar a evitar que os agroquímicos poluam os rios e as águas subterrâneas; e pode reduzir o encharcamento e a salinização. Muitas das acções associadas à melhoria da eficiência da irrigação podem ter outras vantagens. Por exemplo:

- O revestimento dos canais permite aos gestores de irrigação um maior controlo sobre o abastecimento de água;

- a tarifação da água permite a recuperação dos custos e a responsabilização; e

- a irrigação de precisão pode aumentar os rendimentos e melhorar a produtividade da água (Molden e de

Fraiture, 2004).

Em muitas bacias, há pouco ou nenhum desperdício de água de irrigação, porque a reciclagem e a reutilização da água já estão generalizadas. O Nilo, no Egito (Molden *et al.*, 1998; Keller et al., 1996), o Gediz, na Turquia (GDRS, 2000), o Chao Phraya, na Tailândia (Molle, 2003), o Bakhra, na Índia (Molden et al., 2001) e o Imperial Valley, na Califórnia (Keller e Keller 1995), são exemplos documentados (Molden e de Fraiture, 2004).

Aumentar a produtividade da água

A melhoria da produtividade da água é fundamental para libertar água para o ambiente natural e para outros utilizadores. No seu sentido mais lato, melhorar a produtividade da água significa obter mais valor de cada gota de água - quer seja utilizada na agricultura, na indústria ou no ambiente. A melhoria da produtividade da água na agricultura de regadio ou de sequeiro refere-se geralmente ao aumento do rendimento das culturas ou do valor económico por unidade de água fornecida ou esgotada.

Mas também pode ser alargado para incluir alimentos não cultivados, como o peixe ou o gado. Há um ganho substancial de produtividade da água a ser obtido através de uma melhor integração das culturas e da pecuária em sistemas mistos, particularmente através da alimentação do gado com resíduos de culturas, que fornecem fertilizantes orgânicos em troca. O potencial deste sistema foi comprovado para a África Ocidental por Jagtap e Amissah-Arthur (1999). O princípio também poderia ser aplicado aos sistemas de produção industrializados. Enquanto produzem milho para locais de produção de monogástrópicos frequentemente distantes, as áreas de culturas alimentares dominadas pelo milho em grande escala poderiam facilmente fornecer resíduos de milho a explorações locais de ruminantes.

Embora as explorações agrícolas que produzem alimentos para sistemas pecuários industrializados geralmente já operem a níveis relativamente elevados de produtividade da água, pode haver margem para melhorias, por exemplo: seleção de culturas e cultivares adequadas; melhores métodos de plantação (por exemplo, em canteiros elevados); mobilização mínima do solo; irrigação atempada para sincronizar a aplicação de água com os períodos de crescimento mais sensíveis; gestão de nutrientes; irrigação gota a gota e melhor drenagem para controlo do lençol freático. Em áreas secas, a irrigação deficitária - aplicação de uma quantidade limitada de água, mas num momento crítico - pode aumentar a produtividade da escassa água de irrigação em 10 a 20% (Oweis e Hachum 2003).

Melhor gestão dos resíduos

Uma das principais questões relacionadas com a água que os sistemas de produção animal industrializados têm de enfrentar é a gestão e eliminação dos resíduos. Já existe uma série de opções técnicas eficazes, elaboradas principalmente nos países desenvolvidos, mas que precisam de ser mais amplamente aplicadas e adaptadas às condições locais nos países em desenvolvimento.

A gestão dos resíduos pode ser dividida em cinco fases: produção, recolha, armazenamento, processamento e utilização. Cada fase deve ser especificamente abordada por opções tecnológicas adequadas, a fim de reduzir o atual impacto do sector pecuário na água.

Fase de produção: uma alimentação mais equilibrada

A fase de produção refere-se à quantidade e às caraterísticas das fezes e da urina geradas a nível da exploração. Estas variam consideravelmente consoante a composição da dieta, as práticas de gestão dos alimentos, as caraterísticas das espécies e as fases de crescimento dos animais.

O maneio alimentar tem melhorado continuamente nas últimas décadas e tem resultado em melhores níveis de produção. O desafio para os produtores e nutricionistas consiste em formular rações que continuem a melhorar os níveis de produção, minimizando simultaneamente os impactos ambientais associados aos excrementos. Isto pode ser conseguido através da otimização da disponibilidade de nutrientes e de um melhor ajustamento e sincronização das entradas de nutrientes e minerais às necessidades dos animais (por exemplo, rações equilibradas e alimentação faseada), que reduzem a quantidade de estrume excretado por unidade de alimento e por unidade de produto. Também é possível obter um melhor rácio de conversão alimentar através do melhoramento genético dos animais (Sutton *et al.*, 2001; FAO, 1999c; LPES, 2005) As estratégias alimentares para melhorar a eficiência alimentar assentam em quatro princípios principais:

- satisfazer as necessidades de nutrientes sem as exceder;

- selecionar ingredientes de alimentos para animais com nutrientes facilmente absorvíveis;

- suplementação de dietas com aditivos/enzimas/vitaminas que melhoram a   disponibilidade

  e garantir um fornecimento ótimo de aminoácidos a um nível reduzido de proteína bruta e de

  retenção; e

- reduzir o stress (LPES, 2005).

Ajustar as dietas às necessidades efectivas tem um impacto significativo na excreção fecal de nutrientes localmente, especialmente quando estão envolvidas grandes unidades de produção animal. Por exemplo, o nível de P na dieta do gado em sistemas industrializados, geralmente, excede o nível requerido em 25 a 40 por cento. A prática comum de suplementar as dietas dos bovinos com P é, portanto, na maioria dos casos, desnecessária. Uma dieta adaptada com um teor adequado de P é, por conseguinte, a forma mais simples de reduzir a quantidade de P excretada pela produção de gado e demonstrou reduzir a excreção de P na produção de carne de bovino em 40 a 50 por cento. No entanto, na prática, os produtores alimentam os bovinos com subprodutos de baixo custo que contêm normalmente níveis elevados de P. De forma idêntica, nos Estados Unidos, o teor habitual de P na alimentação das aves de capoeira de 450 mg pode ser reduzido para 250 mg por galinha por dia (recomendação do Conselho Nacional de Investigação) sem qualquer perda de produção e com uma poupança valiosa de alimentos para animais (LPES, 2005; Sutton *et al.*, 2001).

Do mesmo modo,   o teor de metais pesados no estrume pode ser reduzido se for fornecida uma dieta adequada   .

Na Suíça, o teor médio (mediano) de Cu e Zn nos dejectos de suínos diminuiu consideravelmente entre 1990 e 1995 (28% para o Cu e 17% para o Zn), demonstrando a eficácia da limitação dos metais pesados nos alimentos para animais aos níveis exigidos (Menzi e Kessler, 1998).

A alteração do equilíbrio dos componentes dos alimentos para animais e da origem dos nutrientes pode
influenciam os níveis de excreção de nutrientes. No caso dos bovinos, um equilíbrio adequado na ração entre proteínas degradáveis e não degradáveis melhora a absorção de nutrientes e demonstrou reduzir a excreção de N em 15 a 30 por cento sem afetar os níveis de produção. No entanto, este equilíbrio está

geralmente associado a um aumento da proporção de concentrado na ração, o que, nas explorações de pastagem, implica uma diminuição da utilização de forragens grosseiras próprias, o que resulta em custos suplementares e num excedente do balanço de nutrientes. Do mesmo modo, níveis adequados de complexos de hidratos de carbono, oligossacáridos e outros polissacáridos não amiláceos (NSP) na alimentação podem influenciar a forma de N excretado. Favorecem geralmente a produção de proteínas bacterianas que são menos nocivas para o ambiente e têm um maior potencial de reciclagem. Para os suínos, uma menor quantidade de proteína bruta suplementada com aminoácidos sintéticos reduz a excreção de N até 30%, dependendo da composição inicial da dieta. Do mesmo modo, nos sistemas de produção de suínos, a qualidade dos alimentos desempenha um papel importante. A remoção da fibra e do gérmen do milho reduz o nível de matéria seca excretada em 56% e o nível de N contido na urina e nas fezes em 39%. A utilização de formas orgânicas de Cu, Fe, Mn e Zn nos regimes alimentares dos suínos reduz o nível de metais pesados adicionados à ração e reduz significativamente os níveis de excreção sem afetar o crescimento ou a eficiência alimentar (LPES, 2005; Sutton *etal.*, 2001).

A fim de melhorar a eficiência alimentar, estão a ser desenvolvidas novas fontes de alimentos para animais altamente digeríveis através de técnicas clássicas de reprodução ou de modificação genética. Os dois principais exemplos referidos são o desenvolvimento de milho com baixo teor de fitatos, que reduz a excreção de P, e de grãos de soja com baixo teor de estaquiose. A disponibilidade de P nos alimentos clássicos (milho e soja) é baixa para os suínos e as aves de capoeira, uma vez que o P está normalmente ligado a uma molécula de fitato (90% do P no milho está presente sob a forma de fitato e 75% na farinha de soja). Esta baixa disponibilidade de P deve-se ao facto de a fitase, que pode degradar a molécula de fitato e tornar o P disponível, não existir nos sistemas digestivos dos suínos e das aves de capoeira. A utilização de genótipos com baixo teor de fitato de P reduz os níveis de P mineral a suplementar na dieta e reduz a excreção de P em 25 a 35 por cento (FAO, 1999c; LPES, 2005; Sutton et al., 2001).

A fitase, a xilanase e a betaglucanase (que também não são naturalmente excretadas pelos suínos) podem ser adicionadas aos alimentos para favorecer a degradação dos polissacáridos não amiláceos disponíveis nos cereais. Estes polissacáridos não amiláceos estão normalmente associados a proteínas e minerais. A ausência de tais enzimas resulta numa menor eficiência alimentar e aumenta a excreção de minerais. Foi demonstrado que a utilização de fitase melhora a digestibilidade do P na dieta dos suínos em 30 a 50 por cento. Boling et al. (2000) conseguiram uma redução de 50% no teor de P fecal das galinhas poedeiras através de uma dieta pobre em P suplementada com fitase, juntamente com a manutenção de um nível ótimo de produção de ovos.

Do mesmo modo, a adição de 1,25 di-hidroxi vitamina D3 à alimentação dos frangos reduziu a excreção de fitato P em 35 por cento (LPES, 2005; Sutton *et al.*, 2001).

Outras melhorias tecnológicas incluem a redução de partículas, a granulação e a expansão. Recomenda-se um tamanho de partícula de 700 microns para uma melhor digestibilidade. A peletização melhora a eficiência alimentar em 8,5 por cento.

Por último, a melhoria da genética dos animais e a minimização do stress animal (medidas adaptadas de criação, ventilação e saúde animal) melhoram o ganho de peso e, por conseguinte, a eficiência alimentar (FAO, 1999c; LPES, 2005).

Melhorar o processo de recolha do estrume

A fase de recolha refere-se à captura e recolha inicial do estrume no ponto de origem (ver Figura 4.3). O tipo de estrume produzido e as suas caraterísticas são grandemente afectados pelos métodos de recolha utilizados e pela quantidade de água adicionada ao estrume.

O alojamento dos animais tem de ser concebido de modo a reduzir as perdas de estrume e de nutrientes através do escoamento superficial. O tipo de superfície em que os animais são criados é um dos elementos chave que influenciam o processo de recolha. Um pavimento de ripas pode facilitar muito a recolha imediata do estrume, mas implica que todos os excrementos sejam recolhidos sob a forma líquida.

O escoamento contaminado das áreas de produção deveria ser redireccionado para instalações de armazenamento de estrume para transformação. A quantidade de água utilizada no biotério e proveniente da chuva (especialmente em zonas quentes e húmidas) que entra em contacto com o estrume deve ser reduzida ao mínimo para limitar o processo de diluição que, caso contrário, aumenta o volume de resíduos (LPES, 2005).

Melhoria da armazenagem do estrume

A fase de armazenamento refere-se ao confinamento temporário do estrume. A instalação de armazenamento de um sistema de gestão do estrume permite ao gestor controlar a programação e o calendário das funções do sistema. Por exemplo, permite a aplicação atempada no campo de acordo com as necessidades nutricionais das culturas.

A melhoria do armazenamento do estrume tem como objetivo reduzir e, em última análise, evitar a fuga de nutrientes e minerais das habitações dos animais e do armazenamento do estrume para as águas subterrâneas e superficiais (FAO, 1999c). Uma capacidade de armazenamento adequada é de importância primordial para evitar perdas através de transbordamento, especialmente durante a estação das chuvas em climas tropicais.

Melhoria da transformação do estrume

Existem opções técnicas para a transformação do estrume que podem reduzir o potencial de poluição, reduzir os excedentes locais de estrume e converter o estrume excedentário em produtos de maior valor e/ou produtos mais fáceis de transportar (incluindo biogás, fertilizantes e alimentos para gado e peixes). A maioria das tecnologias tem como objetivo concentrar os nutrientes derivados de sólidos separados, biomassa ou lamas (LPES, 2005; FAO, 1999c).

O processamento do estrume inclui diferentes tecnologias que podem ser combinadas. Estas tecnologias incluem o tratamento físico, biológico e químico e são apresentadas O transporte de camas não transformadas, ou estrume, a longas distâncias é impraticável devido ao peso, ao custo e às propriedades instáveis do produto. A etapa inicial do tratamento do estrume consiste normalmente na separação de sólidos e líquidos. Podem ser utilizadas bacias para permitir o processo de sedimentação e facilitar a remoção de sólidos das escorrências do confinamento, ou antes da lagoa. Os sólidos mais pequenos podem ser removidos num tanque onde a velocidade da água é muito reduzida. No entanto, os tanques de sedimentação não são frequentemente utilizados para o estrume animal, uma vez que são dispendiosos. Outras tecnologias de remoção de sólidos incluem crivos inclinados, crivos autolimpantes, prensas, processos do tipo centrífugo e filtros rápidos de areia. Estes processos podem reduzir significativamente as cargas de C, N e P nos fluxos de água subsequentes (LPES, 2005).

A escolha da etapa inicial é de primordial importância, uma vez que influencia grandemente o valor do produto final. Os resíduos sólidos têm baixos custos de manuseamento, menor potencial de impacto ambiental e um valor de mercado mais elevado, uma vez que os nutrientes estão concentrados. Em contrapartida, os resíduos líquidos têm um valor de mercado inferior, uma vez que têm custos elevados de manuseamento e armazenamento e o seu valor nutritivo é fraco e pouco fiável (LPES, 2005). Além disso, os resíduos líquidos têm um potencial de impacto ambiental muito maior se as estruturas de armazenamento não forem impermeáveis ou não tiverem uma capacidade de armazenamento suficiente.

Tal como apresentado na fase de separação, esta pode ser seguida por uma vasta gama de processos opcionais que influenciam a natureza do produto final.

As opções técnicas clássicas já amplamente utilizadas incluem:

Aeração: Este tratamento remove a matéria orgânica e reduz a carência biológica e química de oxigénio. 50 por cento do C é convertido em lamas ou biomassa que é recolhida por sedimentação. O P também é reduzido pela absorção biológica, mas em menor grau. Podem ser utilizados diferentes tipos de tratamento aeróbio, tais como lamas activadas[11] (em que a biomassa regressa à parte de entrada da bacia) ou filtros de gotejamento em que a biomassa cresce num filtro de pedra. Dependendo da profundidade da lagoa, o arejamento pode ser aplicado a todo o volume dos sistemas lagunares ou a uma parte limitada do mesmo para beneficiar simultaneamente dos processos de digestão aeróbia e anaeróbia (LPES, 2005).

Digestão anaeróbia: Os principais benefícios de um processo de digestão anaeróbia são a redução da carência química de oxigénio (CQO), da carência biológica de oxigénio (CBO) e dos sólidos, bem como a produção de gás metano. No entanto, não reduz os teores de N e P (LPES, 2005).

Sedimentação *de* bio-sólidos: A biomassa gerada é tratada biologicamente em tanques de sedimentação ou clarificadores, nos quais a velocidade do fluxo de água é suficientemente lenta para permitir a deposição de sólidos acima de um determinado tamanho ou peso (LPES, 2005).

Floculação: A adição de produtos químicos pode melhorar a remoção de sólidos e elementos dissolvidos. Os produtos químicos mais comuns incluem a cal, o alúmen e os polímeros.

Quando a cal é utilizada, as lamas resultantes podem ter um valor agronómico melhorado (LPES, 2005)

Compostagem: A compostagem é um processo aeróbico natural que permite a devolução de nutrientes ao solo para utilização futura. A compostagem requer normalmente a adição de um substrato rico em fibras e carbono aos excrementos dos animais. Nalguns sistemas são adicionados inoculados e enzimas para ajudar o processo de compostagem. Os sistemas concebidos para converter o estrume num produto comercial de valor acrescentado têm vindo a tornar-se cada vez mais populares. Os benefícios da compostagem são numerosos: a matéria orgânica disponível é estabilizada e deixa de ser decomponível, os odores são reduzidos para níveis aceitáveis para aplicação no solo, o volume é reduzido em 25 a 50% e os germes e sementes são destruídos pelo calor gerado pela fase de formação aeróbica (cerca de 60°C). Se o rácio C:N original for superior a 30, a maior parte do N é conservada durante este processo (LPES, 2005).

A secagem do/" estrume sólido é também uma opção para reduzir o volume de estrume a transportar e aumentar a concentração de nutrientes. Em climas quentes, a secagem natural é possível com custos mínimos fora do período das chuvas.

Podem ser integrados diferentes processos numa única estrutura. Nos sistemas *de lagoas,* o estrume é altamente diluído, o que favorece a atividade biológica natural e, consequentemente, reduz a poluição. Os efluentes podem ser removidos através da irrigação de culturas que reciclam os nutrientes em excesso. As concepções de lagoas anaeróbias funcionam melhor em climas quentes, onde a atividade bacteriológica é mantida durante todo o ano. Os digestores anaeróbios, com temperatura controlada, podem ser utilizados para produzir biogás e reduzir os agentes patogénicos, embora exijam investimentos de capital elevados e uma grande capacidade de gestão. No entanto, a maior parte dos sistemas de lagunagem são pouco eficientes no que respeita à recuperação de P e N. Até 80 por cento de todo o N que entra no sistema não é recuperado, mas a maior parte da libertação atmosférica de azoto pode ser sob a forma de gás N inofensivo$_2$. A maior parte do P só será recuperada ao fim de 10 a 20 anos, quando as lamas tiverem de ser removidas. Como resultado, a recuperação de N e P não está sincronizada. O efluente da lagoa deve, portanto, ser usado principalmente como fertilizante azotado. A gestão do efluente também requer equipamento de irrigação dispendioso para o que é de facto um fertilizante de baixa qualidade. O tamanho da lagoa deve ser proporcional ao tamanho da exploração, o que também limita a adoção da tecnologia, uma vez que requer grandes áreas para a sua implementação (Hamilton *et* al., 2001; Lorimor *et* al., 2001).

As tecnologias alternativas necessitam de mais investigação e desenvolvimento para melhorar a sua eficiência e eficácia: incluem alterações químicas, tratamento de zonas húmidas ou digestão por vermes (Lorimor et al., 2001). Os sistemas de zonas húmidas baseiam-se nas capacidades naturais de reciclagem de nutrientes que ocorrem em ecossistemas de zonas húmidas ou zonas ribeirinhas, e têm um elevado potencial para remover níveis elevados de N. A vermicompostagem é um processo pelo qual o estrume é transformado por minhocas e microrganismos num húmus rico em nutrientes chamado composto vermi, no qual os nutrientes são estabilizados (LPES, 2005).

Para serem económica e tecnologicamente viáveis, a maioria dos processos exige grandes quantidades de estrume e, em geral, não são tecnicamente adequados para serem aplicados na maioria das explorações agrícolas. A viabilidade da transformação de estrume em grande e média escala depende também das condições locais (legislação local, preços dos fertilizantes) e dos custos de transformação. Alguns dos produtos finais têm de ser produzidos em quantidades muito grandes e têm de ter uma qualidade muito fiável antes de serem aceites pela indústria (FAO, 1999c).

Melhoria da utilização do estrume

A utilização refere-se à reciclagem de produtos residuais reutilizáveis ou à reintrodução de produtos residuais não reutilizáveis no ambiente. Na maioria das vezes, o estrume é utilizado sob a forma de fertilizante para terras agrícolas. Outras utilizações incluem a produção de alimentos para animais (para peixes em aquacultura), energia (gás metano) ou fertilizante para o crescimento de algas. Em última análise, os nutrientes perdidos poderiam ser reciclados e reutilizados como aditivos alimentares. Por exemplo, foi demonstrado experimentalmente que o estrume das poedeiras depositado em lagoas pode

servir, após a transformação, como fonte de cálcio e fósforo, e ser reutilizado para alimentar galinhas ou

aves de capoeira sem afetar os níveis de produção (LPES, 2005).

De um ponto de vista ambiental, a aplicação de estrume em terras agrícolas ou pastagens reduz as

necessidades de fertilizantes minerais. O estrume também aumenta a matéria orgânica do solo, melhora

a estrutura, a fertilidade e a estabilidade do solo, reduz a vulnerabilidade do solo à erosão, melhora a

infiltração da água e a capacidade de retenção de água do solo (LPES, 2005; FAO, 1999c).

No entanto, alguns aspectos têm de ser cuidadosamente monitorizados durante a aplicação de

fertilizantes orgânicos, em especial o nível de escoamento, que pode contaminar os recursos de água

doce, ou a acumulação de níveis excessivos de nutrientes nos solos. Além disso, o azoto orgânico pode

também ser mineralizado em alturas em que as culturas absorvem pouco azoto, sendo depois suscetível

de lixiviação. Os riscos ambientais são reduzidos se as terras forem fertilizadas com o método correto,

com taxas de aplicação adequadas, durante o período certo, com a frequência certa e se forem tidas em

conta as caraterísticas espaciais.

As práticas que limitam a erosão e o escoamento ou a lixiviação do solo ou que limitam a

acumulação de níveis de nutrientes no solo incluem

- Dosagem de fertilizantes e estrume de acordo com as necessidades das culturas.

- Evitar a compactação do solo e outros danos causados pela lavoura, que podem impedir a capacidade

  de absorção de água do solo.

- Fitorremediação: espécies vegetais selecionadas bioacumulam os nutrientes e os metais pesados

  adicionados ao solo. A bioacumulação é melhorada quando as culturas têm raízes profundas para

  recuperar nitratos sub-superficiais. O cultivo de plantas de elevada biomassa pode remover grandes

  quantidades de nutrientes e reduzir os níveis de nutrientes nos solos. A capacidade de bioacumulação de nutrientes e metais pesados varia consoante as espécies e variedades de plantas.

Alteração do solo com produtos químicos ou subprodutos municipais, para imobilizar o P e os metais pesados. A alteração do solo já provou ser muito eficaz e pode reduzir em 70% a descarga de P através das águas de escoamento. A alteração do solo com floculantes de sedimentos poliméricos (como polímeros de poliacrilamida) é uma tecnologia promissora para reduzir o transporte de sedimentos e nutrientes particulados.

- Lavoura profunda para diluir a concentração de nutrientes na zona próxima da superfície.

- Desenvolvimento de culturas em faixas, socalcos, cursos de água com vegetação, sebes estreitas de relva e faixas de proteção vegetativa, para limitar o escoamento e aumentar os níveis de filtração de nutrientes, sedimentos e metais pesados (Risse *et* al., 2001; Zhang *et* al., 2001).

Apesar das vantagens dos fertilizantes orgânicos (por exemplo, a manutenção da matéria orgânica do solo), os agricultores preferem frequentemente os fertilizantes minerais, que garantem a disponibilidade dos nutrientes e são mais fáceis de manusear. No caso dos fertilizantes orgânicos, a disponibilidade dos nutrientes varia consoante o clima, as práticas agrícolas, os regimes alimentares dos animais e as práticas de gestão dos resíduos. Além disso, quando a produção animal está geograficamente concentrada, a terra acessível para a aplicação de estrume a uma taxa adequada é geralmente insuficiente. Os custos relacionados com a armazenagem, o transporte, o manuseamento e a transformação do estrume limitam a viabilidade económica da utilização deste processo de reciclagem em zonas mais distantes, através da exportação de estrume de zonas excedentárias para zonas deficitárias. A transformação e o transporte de estrume são viáveis do ponto de vista económico em grande escala. Tecnologias como a separação, a crivagem, a desidratação e a condensação, que reduzem os custos associados ao processo de reciclagem (principalmente a armazenagem e o transporte), devem ser melhoradas e devem ser criados os incentivos adequados para favorecer a sua adoção (Risse et al., 2001).

Gestão do território

Os impactos dos sistemas de produção pecuária extensiva nas bacias hidrográficas dependem fortemente da forma como as actividades de pastoreio são geridas. As decisões dos agricultores influenciam muitos parâmetros que afectam a alteração da vegetação, tais como a pressão de pastoreio (taxa e intensidade de povoamento) e o sistema de pastoreio (que influencia a distribuição dos animais). O controlo adequado da época, intensidade, frequência e distribuição do pastoreio pode melhorar a cobertura vegetal, reduzir a erosão e, consequentemente, manter ou melhorar a qualidade e disponibilidade da água (FAO, 1999c; Harper *et aZ.*, 1996; Mosley *et aZ.*, 1997).

Sistemas de pastoreio adaptados, melhoramento das pastagens e identificação do período crítico de pastoreio Os sistemas de pastoreio rotativo podem atenuar os impactos nas zonas ribeirinhas, reduzindo o período de tempo em que a área é ocupada pelo gado (Mosley et aZ., 1997). Os resultados da investigação sobre o efeito da eficiência do pastoreio rotativo de gado nas condições das zonas ripícolas são controversos. No entanto, foi demonstrado que a estabilidade das margens dos cursos de água melhorou quando um sistema de pastoreio rotativo substituiu o pastoreio pesado e sazonal (Mosley et aZ., 1997; Myers e Swanson, 1995).

A resistência dos diferentes ecossistemas aos impactos do gado difere, dependendo da humidade do solo, da composição das espécies vegetais e dos padrões de comportamento dos animais. A identificação do período crítico é de importância primordial para a conceção de planos de pastoreio adaptados (Mosley et aZ., 1997). Por exemplo, as margens dos cursos de água são mais facilmente quebradas durante a estação das chuvas, quando os solos estão húmidos e susceptíveis de serem pisados e desprendidos, ou quando o pastoreio excessivo pode danificar a vegetação. Estes impactos podem muitas vezes ser reduzidos se for tido em conta o comportamento natural de procura de alimentos do gado. O gado evita pastar em locais excessivamente frios ou húmidos e pode preferir forragens de terras altas quando estas são mais palatáveis do que as forragens das zonas ribeirinhas (Mosley *et al.,* 1997).

Podem ser construídos trilhos para facilitar o acesso a quintas, ranchos e campos. Os trilhos para o gado também melhoram a distribuição do gado (Harper, George e Tate, 1996). A melhoria do acesso reduz o pisoteio do solo e a formação de ravinas que aceleram a erosão. Com um pouco de treino, as passagens reforçadas bem concebidas tornam-se frequentemente num ponto de acesso preferido para o gado. Isto pode

reduzem o impacto ao longo da maior parte de um curso de água, reduzindo a erosão das margens e a entrada de sedimentos (Salmon Nation, 2004). As práticas de estabilização do terreno podem ser utilizadas para estabilizar o solo, controlar o processo de erosão e limitar a formação de canais e ravinas artificiais. Bacias bem localizadas podem recolher e armazenar detritos e sedimentos da água que passa a jusante (Harper, George e Tate, 1996).

Melhorar a distribuição dos animais: exclusão e outros métodos

A exclusão do gado é o método fundamental para a recuperação e proteção de um ecossistema. Os animais que se reúnem perto de águas superficiais aumentam a depleção da água, principalmente através da descarga direta de resíduos e sedimentos na água, mas também indiretamente, reduzindo a infiltração e aumentando a erosão. Qualquer prática que reduza a quantidade de tempo que o gado passa num riacho ou perto de outros pontos de água e, consequentemente, reduza o pisoteio e a carga de estrume, diminui o potencial de efeitos adversos da poluição da água causada pelo gado em pastoreio (Larsen, 1996). Esta estratégia pode ser associada a programas de controlo de parasitas do gado para reduzir o potencial de contaminação biológica.

Foram concebidas várias práticas de gestão para controlar ou influenciar a distribuição do gado e evitar que este se reúna perto das águas de superfície. Estes métodos incluem métodos de exclusão, tais como vedações e o desenvolvimento de faixas de proteção perto de águas de superfície, bem como métodos mais passivos que influenciam a distribuição do gado, tais como:

- desenvolvimento da rega a jusante;

- pontos estrategicamente distribuídos para alimentos complementares e minerais;

- actividades de adubação e de ressementeira;

- controlos de predadores e parasitas que podem impedir a utilização de uma parte da terra;

- fogo controlado; e

- construção de trilhos.

No entanto, poucos deles foram amplamente testados no terreno (Mosley *et al.*, 1997). O tempo que os animais passam dentro ou muito perto da água tem uma influência direta tanto na deposição como na ressuspensão de micróbios, nutrientes e sedimentos e, portanto, na ocorrência e extensão da poluição da água a jusante. Quando os animais são excluídos das zonas que rodeiam os recursos hídricos, a deposição direta de resíduos animais na água é limitada (California trout, 2004; Tripp *et al.*, 2001).

A vedação é a forma mais simples de excluir os animais vivos das zonas sensíveis. As actividades de vedação permitem aos agricultores designar pastagens separadas que podem ser geridas para recuperação ou onde o pastoreio pode ser limitado. Podem ser necessários períodos alargados de repouso ou de adiamento do pastoreio para permitir a recuperação de sítios muito degradados (California trout, 2004; Mosley et al., 1997). Podem ser utilizadas vedações para evitar a deposição direta de fezes na água. As vedações devem ser adaptadas, em termos de tamanho e materiais, de modo a não impedir a atividade da vida selvagem. Por exemplo, o arame superior, tanto nas pastagens como nos cercados ripícolas, não deve ser farpado, porque as zonas ripícolas proporcionam um habitat para caça grossa e água para as terras altas circundantes (Salmon Nation, 2004; Cham-berlain e Doverspike, 2001; Harper, George e Tate, 1996).

Esforços recentes para melhorar a saúde das zonas ribeirinhas têm-se centrado no estabelecimento de zonas-tampão de conservação, para excluir o gado das áreas que rodeiam os recursos hídricos de superfície (Chapman e Ribic, 2002). As zonas-tampão de conservação são faixas de terreno ao longo de cursos de água doce com vegetação permanente e relativamente não perturbada. São concebidas para abrandar o escoamento da água, remover poluentes (sedimentos, nutrientes, contaminantes biológicos e pesticidas), melhorar a infiltração e estabilizar as zonas ribeirinhas (Barrios, 2002; National Conservation Buffer Team, 2003; Tripp et al., 2001; Mosley et al., 1997).

Quando estrategicamente distribuídas pela paisagem agrícola (que pode incluir algumas partes das bacias hidrográficas), as zonas-tampão podem filtrar e remover os poluentes antes de estes chegarem aos cursos de água e aos lagos ou serem lixiviados para os recursos hídricos subterrâneos profundos. O processo de filtragem resulta principalmente de um maior processo de fricção e da diminuição da velocidade da água do escoamento superficial. As zonas de proteção aumentam a infiltração, a deposição de sólidos em suspensão, a adsorção às superfícies das plantas e do solo, a absorção de materiais solúveis pelas plantas e a atividade microbiana. As zonas de proteção também estabilizam as margens dos cursos de água e as superfícies do solo, reduzem a velocidade do vento e da água, reduzem a erosão, reduzem as inundações a jusante e aumentam o coberto vegetal. Isto leva à melhoria dos habitats dos cursos de água, tanto para peixes como para invertebrados (Barrios, 2002; National Conservation Buffer Team, 2003; Tripp *et al.*, 2001; Mosley *et al.*, 1997; Vought *et* al., 1995).

As zonas-tampão de conservação são geralmente menos dispendiosas de instalar do que as práticas que requerem engenharia extensiva e métodos de construção dispendiosos (National Conservation Buffer Team, 2003). No entanto, os agricultores consideram-nas frequentemente impraticáveis (Chapman e Ribic, 2002), uma vez que restringem o acesso a áreas luxuriantes que os agricultores consideram cruciais para a produção e saúde animal, especialmente em zonas de sequeiro.

Quando existe um grande rácio entre o curso de água e a área terrestre, evitar a deposição de fezes nos cursos de água através da vedação do gado pode tornar-se muito dispendioso. A disponibilização de fontes alternativas de água potável pode reduzir o tempo que os animais passam nos cursos de água e, consequentemente, a deposição de fezes nos cursos de água. Esta opção técnica económica também melhora a distribuição do gado e reduz a pressão sobre as zonas ribeirinhas. Foi demonstrado que uma fonte de água fora do curso de água reduz o tempo que um grupo de animais alimentados com feno passa no curso de água em mais de 90 por cento (Miner *et al.*, 1996). Além disso, mesmo quando a fonte de alimentação foi colocada a igual distância entre o tanque de água e o ribeiro, o tanque de água continuou a ser eficaz na redução do tempo que o gado passava no ribeiro (Tripp et al., 2001; Godwin e Miner, 1996; Larsen, 1996; Miner et al., 1996).

O desenvolvimento de barragens de água, furos e pontos de abeberamento deveria ser cuidadosamente planeado para limitar o impacto das concentrações locais de animais. Para evitar a degradação pelos animais, são úteis medidas de proteção do armazenamento de água. A redução da perda de água por infiltração pode ser efectuada através da utilização de materiais impermeáveis. Devem ser aplicadas outras medidas (como coberturas anti-evaporação: película de plástico, óleo neutro) para reduzir a perda por evaporação, que é muito substancial em países quentes. No entanto, as opções técnicas disponíveis para limitar a evaporação são geralmente caras e difíceis de manter (FAO, 1999c).

A fertilização pode ser utilizada como um método de controlo da distribuição do pastoreio do gado. Nas pastagens do sopé da Califórnia central (Estados Unidos), a fertilização das encostas adjacentes com enxofre (S) levou a uma diminuição significativa do tempo que o gado passava a pastar em depressões húmidas durante a estação seca (Green et al., 1958 in Mosley et al., 1997).

O fornecimento de alimentos suplementares também pode atrair o gado para longe das águas de superfície. Ares (1953) verificou que a farinha de sementes de algodão misturada com sal conseguiu afastar o gado das fontes de água em pastagens desérticas no centro-sul do Novo México. No entanto, parece que a colocação de sal é geralmente incapaz de anular a atração pela água, sombra e forragens palatáveis que se encontram nas zonas ribeirinhas (Vallentine, 1990). Bryant (1982) e Gillen *et al.* (1984) referiram que a salga, por si só, era largamente ineficaz na redução da utilização das zonas ripícolas pelo gado. (Mosley et al., 1997)

Durante a estação seca e quente, o gado tende a passar mais tempo nas zonas ribeirinhas. Uma opção técnica consiste em proporcionar fontes alternativas de sombra longe das zonas frágeis e dos recursos de água doce (Salmon Nation, 2004).

Conforme apresentado nesta secção, existe um grande número de opções técnicas disponíveis para minimizar os impactos do sector pecuário nos recursos hídricos, limitando as tendências de esgotamento da água e melhorando a eficiência da sua utilização. No entanto, estas opções técnicas não são amplamente aplicadas porque: a) as práticas com impacto nos recursos hídricos são geralmente mais "rentáveis" a curto prazo; b) há uma clara falta de conhecimentos técnicos e de divulgação de informações; c) há uma falta de normas e políticas ambientais e/ou a sua aplicação é deficiente. Na maioria dos casos, a adoção de opções técnicas adaptadas que reduzam as tendências de esgotamento dos recursos hídricos só será conseguida através da conceção e aplicação de um quadro político adequado.

RESUMO

Lidar com os resíduos agrícolas

Resíduos de animais:

- Estima-se que 200 milhões de toneladas de excrementos não diluídos sejam produzidos anualmente no Reino Unido

  - 60% deste valor provém do pastoreio de animais, diretamente para os prados

  - Restantes 80 milhões de toneladas recolhidas nos edifícios para armazenagem e espalhamento

  - Destes, 50% são tratados como estrume sólido e 50% como lamas

  - A maior parte da quantidade total de excrementos é produzida pelos bovinos

  - Praticamente todos os resíduos animais são reciclados para a terra

Armazenamento:

Para evitar a aplicação em terrenos em condições inadequadas

Necessário um mínimo de quatro meses de armazenamento no Reino Unido

Todos os armazéns devem estar a uma distância mínima de 10 m de um curso de água

- A maioria dos excrementos é armazenada de 1 a 6 meses

- A armazenagem de estrume sólido não é abrangida pela legislação, exceto se for armazenado

  num piso de betão; nesse caso, os efluentes líquidos devem ser armazenados e tratados como

  chorume

- Cerca de   15 milhões de m3 de de resíduos sólidos   armazenados em qualquer altura

,   11   milhões de m3 de

que se encontra no campo "montes

- A maior parte do chorume é armazenada em lagoas de terraplenagem, com um volume total

estimado em 15,5 milhões de m3

- 5 milhões de m3 armazenados em armazéns circulares acima do solo

- 2 milhões de m3 em lojas de muros de pedra

Armazém de chorume acima do solo

Espalhamento:

- Os   agricultores não têm   em conta o valor nutritivo   dos

resíduos   animais quando

planeamento de aplicações de fertilizantes inorgânicos

- Esta situação resulta frequentemente numa aplicação excessiva, o que provoca um aumento da

lixiviação

Planos de gestão de resíduos agrícolas:

O código de boas práticas agrícolas para a proteção da água dá orientações aos agricultores em matéria de espalhamento e armazenamento, incentivando-os a ter um plano de gestão dos resíduos agrícolas:

- Identifica as diferentes áreas da exploração agrícola de acordo com o solo, o declive, a drenagem e a proximidade de cursos de água

- Identifica a quantidade de material que pode ser aplicada ao solo em diferentes alturas

- Recomenda-se a criação de uma zona de "não propagação" iom adjacente aos cursos de água

- Recomenda-se um limite de 250 kg de N total/ano/ha proveniente de estrume animal

- A maioria dos criadores de gado dispõe de terras suficientes para se manter dentro deste limite

- Muitas unidades de suinicultura intensiva , que dependem de alimentos comprados , não dispõem de área de dispersão adequada e têm de recorrer a acordos com as unidades vizinhas para se manterem dentro dos limites de carga

O plano deve identificar:

- O volume e a natureza de todos os resíduos a aplicar, incluindo os provenientes da exploração

- Os períodos em que os resíduos são produzidos

- Qual a quantidade de terra necessária e disponível para uma disseminação segura

- A quantidade de armazenagem necessária para os períodos em que não é possível uma eliminação segura ou em que a terra não beneficia de nutrientes

Água suja e eliminação de estrume, uma necessidade agrícola dispendiosa

O plano deve conter:

- Um mapa que mostre onde e quando a terra está disponível para ser espalhada, identificando cursos de água próximos, drenos de terra, nascentes, poços e quaisquer outras fontes de abastecimento de água

- Identificação de todas as zonas de risco, tendo em conta o tipo de solo, o declive e a pluviosidade, acesso à terra e condicionalismos da cultura ou do pastoreio

- Uma indicação do método de aplicação e uma descrição da gestão e manutenção do sistema de eliminação necessário ao longo do ano

- Um plano de emergência para fazer face a emergências ou avarias imprevistas

Tratamento de resíduos de animais

Digestão anaeróbia

- Produz metano (biogás) como combustível por digestão anaeróbia

- Apenas cerca de 30 digestores estão a ser utilizados nas explorações agrícolas do Reino Unido

- Reduz a carência biológica de oxigénio (CBO) dos resíduos e a libertação de odores após o espalhamento

- Não reduz significativamente o valor ou o volume dos nutrientes

- O custo de capital inicial por unidade animal é bastante elevado e só é viável quando se cria um

  número muito elevado de animais

- Os detritos no estrume podem causar grandes problemas de manuseamento

- As fugas de gás são perigosas, uma vez que o metano é explosivo em concentrações de 5 a 15% no

  ar

- A corrosão das tubagens e das válvulas pode ser um problema

-   O digestor deve ser carregado frequentemente   com   uma   quantidade   uniforme   de

  estrume,

  mantidos a uma temperatura uniforme e relativamente livres de antibióticos para que o

  processo ocorra corretamente

Tratamento aeróbio (arejamento):

- Elevados custos de funcionamento elétrico

- Redução significativa dos odores, tanto no armazém como depois de espalhados

- Baixa taxa de adoção no Reino Unido, limitada a explorações agrícolas com problemas específicos,

  por exemplo, queixas de odores perto de zonas urbanas

Arejador de chorume, Sonning Farm, Universidade de Reading

Separação mecânica:

- Amplamente adotado no Reino Unido

- Permite um manuseamento mais fácil e previsível de sólidos e lamas

Efluente de silagem

Silagem, coberta e não coberta

- Cerca de 38 milhões de toneladas de silagem produzidas anualmente no Reino Unido

- 17% deste valor é produzido em fardos grandes

- 1 milhão de m³ de efluentes a eliminar anualmente

- A quantidade de efluente depende das condições meteorológicas e do teor de humidade da cultura no momento da colheita.
  colheita

 - A maior parte dos efluentes de silagem (e água suja, etc.) é recolhida e misturada com o chorume de resíduos animais

- Uma pequena parte dos efluentes de silagem é recolhida e fornecida ao gado

- Resíduos de "risco muito elevado", controlados pelos regulamentos "The Control of Pollution (silage, slurry and agricultural fuel oil) Regulations 1991", que estabelecem normas para a estrutura de silos e instalações de armazenamento de efluentes

- Os silos construídos antes desta data podem ter-se deteriorado devido à natureza corrosiva dos efluentes da silagem

- Os fardos grandes reduzem o risco, uma vez que os sacos são selados e a erva é geralmente colhida com uma matéria seca mais elevada. Os únicos controlos estão associados às distâncias de armazenamento em relação aos cursos de água

Plásticos e embalagens

As embalagens de plástico para pesticidas, fertilizantes e películas de plástico contaminadas (folhas e sacos de silagem) representam um problema significativo. Os agricultores recorrem frequentemente, com relutância, à queima destes materiais, apesar de esta prática ser fortemente desencorajada no Código de Boas Práticas para a Proteção do Ar. Em 1997, foram introduzidos os regulamentos relativos às obrigações de responsabilidade do produtor (resíduos de embalagens). A intenção era incentivar os fabricantes de plásticos e de embalagens a desenvolverem métodos melhorados de minimização, recuperação e reciclagem destes produtos num futuro próximo.

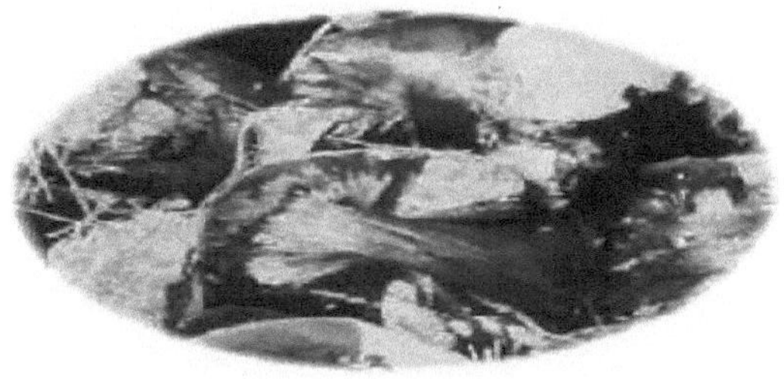

Plásticos e embalagens, outro "pesadelo" da eliminação

CAPÍTULO 10: RESÍDUOS ANIMAIS E AMBIENTE

A rápida industrialização e o desenvolvimento da tecnologia moderna são os principais factores responsáveis pela poluição geral. O sector da pecuária é uma das várias indústrias que têm sido alvo de críticas devido à sua influência no ambiente. Existe uma preocupação especial com a poluição causada por efluentes, gases, metais pesados, contaminantes industriais e emissões de partículas que afectam significativamente a saúde dos animais e do homem. Reciprocamente, os poluentes provenientes do sistema pecuário podem afetar a atmosfera, a água e a cadeia alimentar. No entanto, com o rápido crescimento da população, verifica-se um aumento fenomenal da procura de produtos pecuários. Esta situação levou a uma mudança do sistema agrícola, que passou de uma agricultura de subsistência para uma agricultura comercial e de sistemas de pecuária pastoril para sistemas de produção mais intensivos. Assim, é necessário abordar estes problemas a vários níveis. O principal objetivo é determinar o impacto dos poluentes provenientes dos sistemas intensivos de produção animal e as estratégias adequadas para ultrapassar este problema.

O ambiente é um sistema complexo de recursos naturais que teve origem em milénios de processos evolutivos. A história da poluição ambiental remonta a tempos antigos, quando uma mulher esquimó morreu há cerca de 1600 anos com lesões na autópsia comparáveis às da doença dos pulmões negros observada nas minas de carvão. [st]No entanto, com a rápida mecanização e industrialização, a amplitude da poluição aumentou muitas vezes, especialmente durante o século XXI. Se, em tempos, a poluição ambiental se limitava apenas ao perigo para a saúde humana, hoje em dia, os efeitos da poluição são considerados muito mais caros, afectando várias unidades da biosfera: poluição causada por efluentes, resíduos, gases e odores da pecuária, contaminação dos alimentos para animais, partículas transportadas pelo ar e materiais radioactivos. Com o aumento constante da população, as consequências são nefastas tanto para os seres humanos como para os animais.

1. Poluição da água:

Os resíduos animais são responsáveis por muitos dos problemas de poluição da água relacionados com a agricultura. De facto, nos últimos anos, foram atribuídas mais queixas relativas à qualidade da água aos resíduos animais do que a todos os outros poluentes relacionados com a agricultura em conjunto.

Os resíduos animais incluem os resíduos fecais e urinários dos animais de criação e das aves de capoeira; a água utilizada na transformação; os alimentos para animais, as camas, os materiais de cama e o solo com que o estrume ou a água se misturam; e as carcaças dos animais mortos. Uma vez que o Alabama é um dos líderes na produção de aves de capoeira, as grandes explorações avícolas produzem enormes quantidades de resíduos animais, incluindo camas e carcaças. Estes resíduos devem ser utilizados ou eliminados de uma forma segura para o ambiente.

Tradicionalmente, a maioria dos resíduos animais tem sido queimada, enterrada ou diluída no ambiente. Contudo, as preocupações ambientais, económicas e sanitárias estão a forçar uma reorientação para a reciclagem e a recuperação de recursos. A principal preocupação é que os resíduos animais sejam geridos de modo a não poluírem o ar, o solo e os recursos hídricos, nem introduzirem substâncias tóxicas na cadeia alimentar.

Poluentes de resíduos animais:

Fontes pontuais e não pontuais

Qualquer concentração importante de resíduos animais ou de produtos residuais pode ser definida como um local potencial para a poluição de fontes pontuais. As operações de confinamento de animais, como as maternidades de suínos, os confinamentos de bovinos e os aviários, são, no entanto, fontes pontuais potenciais de contaminação das águas superficiais e das águas subterrâneas.

As reservas de estrume e as lagoas de tratamento e armazenamento mal concebidas e mantidas que permitem a dispersão de resíduos animais no ambiente em concentrações que causam problemas podem também ser consideradas fontes pontuais.

Os animais mortos que são eliminados de forma adequada e atempada podem apresentar um potencial de poluição reduzido. No entanto, o enterramento dos animais mortos pode dar origem a algum nitrato

que podem ser lixiviados para as águas subterrâneas. Quanto maior for o volume enterrado, maior é o risco. Este tipo de concentração de resíduos animais também pode ser considerado uma fonte pontual.

Quando os dejectos animais são aplicados no solo, tornam-se uma fonte potencial não pontual de poluição da água, tal como os fertilizantes e os pesticidas. Os métodos de controlo do escoamento superficial e das perdas por lixiviação dos resíduos animais do solo são essencialmente os mesmos que os utilizados para uma gestão eficiente e ambientalmente segura dos fertilizantes. Todas as práticas normalizadas de controlo da erosão e dos sedimentos reduzem, em geral, as perdas de poluentes de dejectos animais para os sistemas de águas superficiais.

Contaminantes de resíduos animais

Os potenciais poluentes preocupantes no estrume são a matéria orgânica oxidante, os nutrientes das plantas, os agentes infecciosos, os sais e os metais pesados. Estes poluentes podem causar mortandade de peixes, turbidez, problemas de sabor e odor, e riscos para a saúde dos seres humanos ou animais que bebem a água. Estes contaminantes podem ser lixiviados para as águas subterrâneas ou transportados para as águas superficiais por escoamento superficial.

Matéria orgânica:

A elevada quantidade de matéria orgânica associada às escorrências de resíduos animais é capaz de esgotar rapidamente o fornecimento de oxigénio que normalmente se encontra num sistema de riachos ou lagos, resultando na morte de peixes e em graves perturbações da vida aquática. Além disso, os nutrientes são libertados à medida que a matéria orgânica é biodegradada. A matéria orgânica em decomposição pode também causar problemas de cor, sabor e odor nos sistemas de água públicos ou privados que utilizam fontes de superfície.

Nutrientes para plantas:

Os dois nutrientes que mais preocupam do ponto de vista da qualidade da água são o azoto e o fósforo. Os resíduos animais podem contribuir tanto com concentrações de nitratos superiores às normas relativas à água potável como com concentrações de fósforo superiores ao que foi determinado para estimular o rápido crescimento de algas aquáticas. Níveis excessivos de nutrientes nas águas superficiais podem provocar a proliferação de algas, a morte de peixes, odores e aumento da turvação. Os nutrientes - principalmente o azoto sob a forma de nitrato - podem também ser lixiviados através do perfil do solo para as águas subterrâneas.

A potencial contaminação das águas subterrâneas por nitratos provenientes de resíduos avícolas tornou-se uma preocupação de saúde pública, uma vez que os níveis de nitratos nas águas subterrâneas parecem estar a aumentar em algumas das áreas de produção avícola mais intensiva. A principal razão para a preocupação é o facto de 50% da população do estado beber água de águas subterrâneas e até 98% da população utilizar águas subterrâneas para beber em muitas áreas rurais,

Os nitratos não são tóxicos para o organismo humano, mas podem transformar-se noutras formas ou noutros compostos, como os nitritos, que são nocivos. Os nitritos são tóxicos porque reagem com a hemoglobina, formando metemoglobina, que reduz a capacidade do sangue para transportam oxigénio para todas as células do corpo, os nitritos podem também interagir com outros compostos de azoto para formar compostos que são cancerígenos em animais,

O fósforo, sob a forma de fosfato, é um dos principais nutrientes necessários para a nutrição das plantas e tem sido associado à eutrofização acelerada de cursos de água e lagos. Concentrações elevadas estimulam o crescimento excessivo ou incómodo de algas e outras plantas aquáticas, Quando grandes massas de algas ou outras plantas aquáticas morrem, o oxigénio dissolvido na água diminui e são produzidas certas toxinas, que podem causar a morte dos peixes, Agentes infecciosos:

Estes resíduos são fontes de bactérias, vírus e outros microrganismos que podem infetar pessoas e animais e causar surtos de doenças no ambiente aquático.

Sal:

Os teores de sal associados aos resíduos animais resultam do elevado teor de sal nas rações dos animais. Os sais em excesso passam através dos animais e permanecem no estrume. Se este estrume for depois aplicado nos campos a taxas elevadas, podem ser encontradas concentrações de sal consideravelmente mais elevadas nesses campos do que naqueles sem estrume aplicado. O excesso de potássio e de sódio, em particular, pode contribuir para a deterioração da estrutura do solo e, nalguns casos, para a redução do rendimento das culturas.

Metais pesados:

Incluindo o zinco, o cobre e, ocasionalmente, o arsénico, estão presentes em muitas rações para animais. Existe uma preocupação crescente com o facto de o nível de metais pesados, principalmente cobre e zinco, se estar a acumular nas terras agrícolas onde são aplicados resíduos animais. A maioria destes metais é bastante imóvel nos solos (pH 6,0 a 6,8) e raramente parece ter efeitos adversos na produção agrícola. Por outras palavras, raramente se acumulam nas culturas a níveis que representem um perigo para as pessoas ou animais que as consomem. Mesmo assim, os cientistas de animais e aves de capoeira estão a investigar se estes metais pesados são necessários.

2. Contaminação do solo

O azoto e o fósforo podem poluir o solo após a aplicação de estrume (Correll, 1999). O fertilizante inorgânico (por exemplo, o azoto) perde-se por volatilização do amoníaco (Sommer et *al.*, 2003), dependendo da taxa e do período de aplicação, das condições meteorológicas e do tipo de solo (Jarvis et al., 1987; Smith et al., 2001). A volatilidade da fonte de azoto é importante quando se seleciona o modo de aplicação do estrume animal. Após a volatilização, cerca de 30% do amoníaco regressa como deposição húmida ou seca nos solos e vegetações num raio de 5000 m da fonte. Uma grande parte dos restantes 70% reage na atmosfera com SO2 e NOx e é transportada numa distância de 5 a cerca de 1 *106m (Lekkerkerk et al., 1995). As elevadas taxas de deposição de N causam danos ecológicos nas florestas e nos ecossistemas naturais pobres em nutrientes (Heij e Schneider, 1995; Krupa, 2003). Estas vegetações absorvem e acumulam este N de forma eficaz (Berendse, 1990), com as consequentes alterações florísticas indesejáveis, perda de biodiversidade e problemas fisiológicos para as árvores, como o aumento da suscetibilidade ao stress abiótico e biótico e deficiências de outros nutrientes. Além disso, a deposição de NHx contribui potencialmente para a acidificação do solo, que também pode afetar a vegetação. Este efeito acidificante só ocorre após a nitrificação do NHx no solo, nomeadamente quando parte dos nitratos produzidos se perde por lixiviação (UKTERG, 1988; Lekkerkerk et al., 1995). Foi relatado que, quando os excrementos dos animais são aplicados à superfície do solo, apenas cerca de % do azoto e de outros componentes estão disponíveis para serem utilizados pelas plantas (FDACS, 1999). O excesso de fósforo apresenta um problema especial, devido à sua baixa solubilidade no solo, contamina as águas superficiais e causa erosão.

3. Contaminação por metais pesados

A criação intensiva de gado contribui, em geral, para a acumulação de resíduos pesados metais nos solos. Alguns metais pesados, nomeadamente o cobre (Cu) e o zinco (Zn), são minerais essenciais para os animais de criação. Embora as necessidades destes metais pela maioria das categorias de animais possam ser completamente ou quase completamente satisfeitas pelos ingredientes dos alimentos para animais, é uma prática comum suplementá-los através de misturas de minerais, resultando assim num fornecimento excessivo. Outros metais pesados, como o cádmio (Cd), o crómio (Cr), o mercúrio (Hg), o chumbo (Pb) e o níquel (Ni) não passam de poluentes. As explorações pecuárias importam metais pesados através de alimentos comprados, fertilizantes químicos, lamas de depuração e outros tipos de resíduos. Grandes fracções (geralmente > 90%) dos metais pesados nas dietas dos animais são excretadas no estrume. Um estudo sobre os balanços solo-cultura dos metais pesados Cd, Cr, Cu, Hg, Ni, Pb e Zn em solos agrícolas nos Países Baixos revelou excedentes de todos os metais estudados (Delahaye et al., 2003). Este facto é preocupante, porque a acumulação de metais pesados no solo aumenta a sua disponibilidade e absorção pelas plantas, bem como a lixiviação para as águas subterrâneas e superficiais (Van Riemsdijk et al., 1987). Um pré-requisito para uma agricultura sustentável é o controlo das entradas de metais pesados de forma a que as funções do solo e da água e a qualidade dos produtos não sejam prejudicadas no futuro (Moolenaar et al., 1998; Moolenaar,1999). Consequentemente, as concentrações de metais pesados no estrume dependem fortemente das suas concentrações nos alimentos para animais consumidos e da utilização subsequente desses estrumes em solos que conduzam a concentrações elevadas de metais. A Comissão das Comunidades Europeias estabeleceu valores máximos para a ingestão de ferro (Fe), cobalto (Co), cobre (Cu), manganês (Mn) e zinco (Zn) por diferentes categorias de animais com base   nos requisitos fisiológicos dos animais e com o objetivo de restringir o excesso de oferta. (CEC, 2003). Outras substâncias tóxicas que requerem atenção na produção animal são os antibióticos, as hormonas e os resíduos de medicamentos veterinários. Estes elementos podem ter efeitos negativos na qualidade dos alimentos e na saúde humana, bem como na saúde dos ecossistemas aquáticos.

4. Poluição atmosférica

A maior parte dos poluentes gasosos das indústrias pecuárias tem origem na decomposição da matéria fecal e a concentração desses gases depende, em parte, da eficiência da ventilação e da taxa de emissão, bem como da densidade do efetivo. Os poluentes aéreos incluem poeiras orgânicas e inorgânicas, agentes patogénicos e outros microrganismos, bem como gases como o amoníaco, o óxido nitroso, o dióxido de carbono, o sulfureto de hidrogénio e o metano (Harry, 1978; Okolieta/, 2006).

Quando o pH dos resíduos animais aumenta, o ião amónio é convertido em amoníaco gasoso (Moore, 1998), que se volatiliza facilmente para o ar. A volatilização do amoníaco contribui fortemente para as elevadas taxas de deposição atmosférica de N (Van Breemen et a/., 1982; Apsimon et a/., 1987). Verificou-se que as emissões de amoníaco dos excrementos húmidos dos animais coincidem com os odores, que são incómodos em zonas de produção animal intensiva (Chavez et a/., 2004; Cole e Tuck, 2002).

A decomposição de materiais orgânicos no estrume animal resulta na produção de compostos malcheirosos e de baixo peso molecular (Merril e Haverson, 2002). O' Neil e Philips (1992) referiram que 60% dos compostos com os limiares de odor mais baixos no estrume animal contêm enxofre. O ambiente no estábulo é uma combinação de factores físicos e biológicos que interagem como um sistema dinâmico complexo de interações sociais, sistema de criação, luz, temperatura e ambiente aéreo (Sainsbury, 1992). A elevada densidade populacional nos estábulos modernos pode levar à redução da qualidade do ar, com elevada concentração de poluentes aéreos (Curtis e Drummond, 1982; Maghirang et a/., 1991; Feddes e Lickso, 1993).

Os poluentes gasosos e os seus potenciais perigos para a saúde são apresentados a seguir:

A rápida propagação do sistema de alimentação concentrada de animais está associada à emissão de certos poluentes gasosos que afectam tanto a saúde como a produção. A atividade microbiana em substratos orgânicos nos resíduos animais também resulta em produtos residuais solúveis ou gasosos.

Dióxido de carbono: CO_2

É outro gás importante nos pavilhões e serve como um bom indicador da eficiência da ventilação. A exposição de curta duração a concentrações superiores a 35ppm pode induzir alterações inflamatórias na mucosa respiratória dos animais, bem como reduzir a eliminação de bactérias dos pulmões. Um bovino adulto produz cerca de 4000 kg de CO_2, um homem até 300 kg, um porco cerca de 450 kg e uma ovelha até 400 kg de CO_2 num ano.

Metano: CH_4

O efeito perigoso do metano é 21 vezes superior ao do CO_2 . O metano é formado como resultado da digestão anaeróbica em ruminantes, cuja taxa de produção de gás varia entre 2 e 12% da sua ingestão bruta de energia. Johnson e Johnson (1995) referiram que os animais ruminantes produzem cerca de 250 a 500 litros de metano por dia, sendo potencialmente responsáveis por 2% do aquecimento global que poderá ocorrer nos próximos 50 a 100 anos, uma vez que este gás tem efeitos prejudiciais na camada de ozono, causando um desequilíbrio ecológico do ambiente de estufa.

Sulfureto de hidrogénio:
É produzido a partir do metabolismo da cisteína, um aminoácido com enxofre presente nos resíduos animais. Nos ruminantes, os sulfatos inorgânicos podem também ser reduzidos a H_2S, que varia entre 0,5 e 30 partes por bilião, enquanto o limiar de irritação varia entre 2,5 e 20 partes por milhão (Schiffman et al. 2001).

Amoníaco : NH_3

É o gás mais importante presente nos estábulos. A principal fonte de amoníaco é o estrume e os efluentes. É formado como resultado dos compostos que contêm azoto, incluindo o estrume animal e os animais mortos. Os animais leiteiros consomem uma quantidade considerável de proteínas e outras substâncias azotadas, uma grande parte das quais se perde nas fezes e na urina. Foram registadas concentrações de amoníaco até 22,7 ppm, 29,3 ppm, 13,7 ppm, 72,9 ppm, 56,3 ppm e 43,7 ppm em instalações de confinamento de gado leiteiro, bovinos de carne, vitelos, poedeiras, frangos de carne e suínos, respetivamente (Koerkamp et al. 1998). Nas aves de capoeira, a diminuição do consumo de ração e da produção de ovos; os ovos de casca fina e o baixo peso vivo à nascença são resultados comuns da toxicidade do amoníaco (Miner 1973). Níveis elevados de amoníaco podem ser um indicador de má eliminação de efluentes e de má ventilação. Outros factores que aumentam os níveis de amoníaco incluem o movimento do ar através da superfície do chorume e o aumento do PH e da temperatura do chorume. Por conseguinte, níveis elevados de amoníaco têm efeitos adversos na saúde dos animais e dos seres humanos. Os seres humanos apresentam sintomas respiratórios quando as concentrações de amoníaco são de cerca de 7 ppm e sofrem de irritação ocular e nasal grave a níveis superiores a 35 ppm.

Partículas transportadas pelo ar e bioaerossóis:

> As poeiras podem ser classificadas como aerossóis inorgânicos (matéria seca, materiais de cinzas) e orgânicos. Os aerossóis biológicos podem incluir alimentos não digeridos, cereais, ácaros, aditivos alimentares, estrume e urina secos, pêlos da pele, bactérias viáveis e não viáveis, componentes da parede celular bacteriana (endotoxinas, 1,3 beta-glucano e péptido glicónico), elementos e esporos fúngicos, micotoxinas, proteases microbianas e taninos.
> A principal fonte de bioaerossóis são os animais, as suas excreções, os alimentos

e o material de cama. Os organismos Gram positivos são as bactérias transmitidas pelo ar mais frequentemente encontradas em suínos e aves de capoeira. Os próprios organismos e os seus produtos são capazes de desencadear respostas imunitárias e alterações fisiológicas nos animais.

No caso das aves, a redução da ingestão de alimentos, bem como o desvio de proteínas e energia do desenvolvimento muscular para o sistema imunitário.

Nos seres humanos, a exposição a bioaerossóis causa constrição dos brônquios, hiper-reatividade e aumento das células inflamatórias nos alvéolos brônquicos.

5. Alterações climáticas

A criação de gado provoca emissões consideráveis de gases com efeito de estufa (CO2, CH4 e N2O) através da combustão de combustíveis fósseis, da digestão ou decomposição da matéria orgânica, do estrume armazenado e dos solos. Foi demonstrado que a produção em grande escala de resíduos animais e a aplicação superficial dos resíduos nos solos provocam mais emissões de gases e contribuem para cerca de 9 a 12% do efeito total do aquecimento global e das chuvas ácidas. Estas emissões foram objeto de grande atenção nos últimos anos devido à alegada contribuição destes gases para as alterações climáticas globais. O metano e o óxido nitroso são considerados gases com efeito de estufa significativos devido à sua eficiência na absorção de radiações infravermelhas. Sommer e Moller, (2000) observaram que o metano e o óxido nitroso absorvem 26 a 200 vezes mais radiação infravermelha, respetivamente, do que o dióxido de carbono. Além disso, o CH4 é emitido por animais e como produto final de processos anaeróbios

decomposição da matéria orgânica. O óxido nitroso é produzido durante a nitrificação ou desnitrificação do estrume e dos solos armazenados. A decomposição dos resíduos animais pode também resultar na emissão de compostos orgânicos voláteis e de compostos orgânicos reactivos para a atmosfera. Atualmente, existe uma grande preocupação com a libertação de compostos orgânicos reactivos e o seu efeito na camada de ozono. A luz solar faz com que o dióxido de azoto seja convertido em óxido nitroso, libertando iões de oxigénio que reagem com o oxigénio para formar ozono. Este aumento da concentração de ozono ao nível do solo é prejudicial e pode causar um aumento da incidência de problemas respiratórios em crianças pequenas. Uma concentração atmosférica elevada de amoníaco pode resultar na acidificação da superfície da terra e da água, causando danos às plantas e reduzindo a biodiversidade vegetal no sistema natural.

O aquecimento global:

Trata-se de um fenómeno causado pelo aumento da concentração de determinados gases, como o dióxido de carbono, os óxidos de azoto, o metano e, em menor grau, os CFC.

Efeito de estufa:

Os constituintes atmosféricos, como o vapor de água, o CO_2 , o CH_4 , os óxidos de azoto e os clorofluorocarbonetos, retêm o calor sob a forma de radiação infravermelha perto da superfície da Terra, o que se designa por efeito de estufa.

O gado e os seus subprodutos são responsáveis por pelo menos 5% de todas as emissões de gases com efeito de estufa (Good land, Anhang 2009).

O metano é quase 100 vezes mais potente do que o CO_2 durante um período de 20 anos, mas desaparece da atmosfera muito mais rapidamente do que o CO_2 durante séculos ou milénios.

O ozono troposférico é o terceiro gás com efeito de estufa mais importante, a seguir ao CO_2 e ao CH_4. Os alimentos fermentados para animais geram gases nocivos para o ozono a níveis regionais superiores aos emitidos pelos automóveis.

Chuva ácida:

É formado principalmente pela libertação de azoto e enxofre na atmosfera devido à combustão de carvão e petróleo em centrais eléctricas e automóveis, o que pode constituir uma ameaça para a vida do homem, dos animais e dos ecossistemas aquáticos.

A chuva ácida resulta tanto de fontes naturais, como os vulcões e a vegetação em decomposição, como de fontes antropogénicas, como os óxidos de enxofre e nitroso resultantes da queima de combustíveis fósseis nos automóveis e da produção de eletricidade a partir do carvão.

O efeito tóxico da chuva ácida resulta da própria acidez.

Outro composto importante que resulta na chuva ácida é o amoníaco.

É um resultado comum da eliminação de grandes quantidades de estrume não transformado em sistemas de produção animal. Hadina et al. (2001) referiram que o amoníaco produz chuva ácida e é prejudicial tanto para o gado como para o homem, perturbando o equilíbrio ecológico. Quando estes gases entram em contacto com a humidade do ar e com o oxigénio, formam compostos ácidos que se depositam em depósitos húmidos e secos e poluem o solo e a água.

Depósitos húmidos:

Trata-se de uma combinação de chuva ácida, nevoeiro e neve. À medida que esta humidade contendo água ácida flui sobre o solo, afecta a vida vegetal e animal. Estes efeitos dependem da acidez da água e da capacidade tampão do solo.

Depósitos secos:
Quando o ar está seco, os produtos químicos ácidos incorporam-se nas poeiras ou no fumo em suspensão e caem no solo sob a forma de depósitos secos. Cerca de metade da acidez da atmosfera cai na terra sob a forma de depósitos secos.

6 Saúde humana e animal

Revisões recentes sobre a situação atual das doenças parasitárias, incluindo tremátodes de origem alimentar, zoonoses e cisticercose, salientaram os riscos de transmissão de doenças através dos resíduos animais e dos excrementos humanos (De ei *al.*, 2003). O estrume sólido e os efluentes líquidos de estrume podem conter agentes patogénicos que representam um perigo significativo para a saúde dos seres humanos e dos animais. A descarga direta de estrume para os cursos de água e a percolação para as águas subterrâneas, geralmente em fluxo de derivação através de fendas e fissuras, constitui um grande risco para a saúde humana e animal porque o estrume dos animais contém numerosos agentes patogénicos (bactérias, vírus, parasitas). A transmissão destes agentes patogénicos, por exemplo, *Escherichia coli, Campylobacter, Salmonella, Leptospira, Listeria, Shigella, Cryptosporidum, Hepatite A, Rotavírus, vírus Nipah e Gripe Aviária* (Davies, 1997; Stanley *et al.*, 1998; Cameron *et al.*, 2000; Fischer *et al.*, 2000) é reforçada por uma gestão inadequada do estrume animal e pode ser reduzida através de uma manipulação e utilização adequadas do estrume. O manuseamento insalubre do estrume pode também promover a propagação de parasitas ao homem através da introdução de fases larvares de organismos na cadeia alimentar que podem causar infecções sistémicas ou locais.

A ocorrência anual de febre tifoide foi estimada em 17 milhões de casos, com cerca de 600.000 mortes, e as doenças diarreicas causam a morte de 951.000 pessoas por ano no Sudeste Asiático. Na origem destas doenças está uma série de bactérias, protozoários, vírus e, em especial, parasitas transmitidos pela água. As doenças altamente contagiosas e patogénicas, como a febre aftosa, a peste suína e a doença de Aujezsky, podem também propagar-se com os efluentes animais através dos cursos de água (Cameron *et al.*, 2000).

Não está completamente provado, mas a má gestão do estrume, a mistura de excrementos humanos e animais e o contacto estreito entre alojamentos domésticos e animais podem propagar a gripe aviária e a síndrome respiratória aguda grave. Há também uma série de doenças animais associadas ao aumento da intensidade da produção e à concentração de animais num espaço limitado; muitas delas constituem uma ameaça para a saúde humana (Donhann et a/., 1995; Reynolds et a/, 1996; Borgers et a/., 1997). A descarga de chorume de suínos de instalações infectadas para os rios representa um grande risco de propagação dos agentes patogénicos. O sistema industrial e intensivo de produção animal pode ser um terreno fértil para doenças emergentes (Nippah, Encefalopatia Espongiforme Bovina, Gripe Aviária), com consequências para a saúde pública.

Por último, os produtos de origem animal provenientes de sistemas de produção intensiva tendem a apresentar teores residuais mais elevados, com riscos para a saúde pública (Nardone e Valfre, 1999). Os efeitos secundários conhecidos de níveis elevados de NO3 são a síndrome do bebé azul, o cancro e as doenças respiratórias nos seres humanos, bem como os abortos fetais no gado (Kelleher et a/., 2002; Sommer e Hutching, 2001). Níveis de água subterrânea superiores a 50 mg de NO3/L são potencialmente nocivos para bebés e crianças (Rotz, 2004). Além disso, a contaminação por azoto dos sistemas hídricos pode aumentar a eutrofização na formação e crescimento de leitos de ervas marinhas, alterações na composição da comunidade de algas, aumento da proliferação de algas, eventos hipóxicos ou anóxicos e morte de peixes (Richardso, et a/., 2001).

CAPÍTULO 11: POLUIÇÃO DAS ÁGUAS SUPERFICIAIS PELA PRODUÇÃO ANIMAL

A gestão incorrecta dos resíduos da pecuária (estrume) pode causar poluição das águas superficiais e subterrâneas. A poluição da água proveniente de sistemas de produção animal pode ocorrer por descarga direta, escoamento e/ou infiltração de poluentes nas águas superficiais ou subterrâneas.

Os poluentes são sedimentos , nutrientes, pesticidas, matéria orgânica , sais e micro organismos.

As águas superficiais poluídas podem matar peixes, causar odores, espalhar bactérias infecciosas e inibir as actividades relacionadas com a água.

Os principais poluentes animais nas águas de superfície

- Matéria orgânica e excesso de nutrientes

- Contaminação por agentes patogénicos

Matéria orgânica e excesso de nutrientes

O estrume animal utilizado corretamente pode melhorar a fertilidade e a fertilidade do solo, aumentar a capacidade de retenção de água do solo e reduzir a erosão eólica e hídrica. No entanto, pode ocorrer poluição das águas superficiais e subterrâneas se as aplicações de estrume forem mal geridas.

Os resíduos da pecuária contêm nutrientes e matéria orgânica. A vida aquática depende da decomposição da matéria orgânica para obter fontes primárias e secundárias de alimento.

Existe, no entanto, um limite para a quantidade de material orgânico aceitável no ambiente aquático.

Demasiada matéria orgânica produz águas muito coloridas e turvas, com forte acumulação de lamas no fundo. O excesso de nutrientes (especialmente fósforo e azoto) transportados pela matéria orgânica pode produzir um crescimento excessivo de algas e ervas daninhas nas águas superficiais. Quando as condições são propícias, podem mesmo surgir florescências de algas azuis-verdes tóxicas.

A oxidação do material orgânico pode causar uma tal redução do oxigénio dissolvido que os peixes e outros seres aquáticos não conseguem sobreviver. As possíveis fontes de dejectos animais nas águas de superfície incluem o escoamento do confinamento, o escoamento do estrume, o depósito direto dos animais e os sistemas sépticos.

Contaminação por agentes patogénicos

Um agente patogénico é um micro-organismo causador de doenças. A possível contaminação da água por agentes patogénicos é determinada através da utilização de indicadores biológicos. O teste de coliformes fecais é o indicador biológico mais comummente utilizado. Os coliformes fecais são bactérias intestinais que se encontram apenas em mamíferos e aves. Os coliformes fecais não se encontram nos solos, na vegetação, nos insectos ou nos peixes, a não ser que estejam contaminados por

fezes de mamíferos ou de aves. Não são necessariamente nocivas, mas indicam a presença potencial de outros organismos causadores de doenças mais graves. As bactérias fecais entram nas águas de superfície por depósito direto de fezes e por movimento com sedimentos no escoamento superficial.

Os organismos podem ser dispersos, não dispor de ambiente adequado e morrer, ou podem encontrar condições suficientes para sobreviver a longo prazo nas lamas de fundo ou nos solos das margens do lago. A sua sobrevivência depende da temperatura da água, do solo e do ar; da dimensão e do caudal do lago; do volume dos sedimentos; da disponibilidade de nutrientes e de matéria orgânica; da quantidade de luz; do tipo de solo; do pH e de outros factores.

As variações sazonais no número de bactérias podem ser extremas, dependendo dos volumes de escoamento, temperatura, atividade animal, cobertura do solo e luz solar. A fonte original de bactérias fecais nas águas de superfície é o gado, os animais selvagens, as aves e os transbordos de fossas sépticas rurais. Consequentemente, para reduzir o número de coliformes fecais, é necessário controlar o contacto do gado com as águas superficiais e o escoamento das águas superficiais a partir de áreas tratadas com estrume, bem como corrigir os sistemas sépticos inadequados na orla costeira.

Melhores práticas de gestão para o controlo da poluição das águas superficiais causada pelo gado:

- Vedar a entrada de animais em zonas ribeirinhas situadas junto a águas de superfície. A água de lagos e riachos pode ser utilizada para fins pecuários através de canalização para instalações de retenção de água aprovadas, como tanques ou bombas nasais.

Manter faixas de proteção com relva perto de águas de superfície.

Proporcionar um tampão de relva entre as águas de superfície, as pastagens e as terras de cultivo.

- Considerar a utilização de tanques de retenção ou lagoas para a recolha de águas de escoamento/resíduos das instalações de confinamento.

- Gerir o estrume e/ou os efluentes de lagoas aplicados nas terras de cultivo. Não aplicar estrume ou efluentes de lagoas em solos congelados ou em terrenos susceptíveis de escorrer ou lixiviar.

Desenvolver e seguir um plano de gestão de nutrientes adequado com base em testes de fertilidade do solo e na produção vegetal.

- Prevenir o sobrepastoreio de pastagens e de prados através do pastoreio rotativo.

- Reduzir o escoamento das terras agrícolas através de práticas de plantio direto ou de plantio direto.

Muitas das melhores práticas de gestão ou bmps acima enumeradas podem ser partilhadas através do Projeto de Melhoria e Proteção dos Lagos Glaciares do Nordeste ou dos parceiros do projeto: U.S. Fish and Wildlife Service, South Dakota Department of Game, Fish, and Parks e Natural Resources Conservation Service. As bacias hidrográficas visadas na área do projeto incluem:

Barragem de Amsden, Blue Dog Lake, Enemy Swim Lake, Minnewasta Lake, Pickerel Lake e Pierpont Dam situados no condado de Day Buffalo Lakes, Clear Lake, Nine Mile Lake, Red Iron Lake e White Lake Dam situados no condado de Marshall Big Stone Lake e Lake Traverse situados no condado de Roberts.

CAPÍTULO 12: O PAPEL DO GADO NO ESGOTAMENTO DA ÁGUA E NA

NA

POLUIÇÃO

Questões e tendências

A água representa pelo menos 50 por cento da maioria dos organismos vivos e desempenha um papel fundamental no funcionamento do ecossistema. É também um recurso natural crítico mobilizado pela maioria das actividades humanas.

É reabastecido através do ciclo natural da água. O processo de evaporação, principalmente a partir dos oceanos, é o principal mecanismo que suporta a parte do ciclo que vai da superfície à atmosfera. A evaporação regressa ao oceano e às massas de água sob a forma de precipitação (US Geological Survey, 2005a; Xercavins e Valls, 1999).

Os recursos de água doce fornecem uma vasta gama de bens, como água potável, água para irrigação ou água para fins industriais, e serviços, como energia para produção de hidroeletricidade e apoio a actividades recreativas, a um conjunto muito diversificado de grupos de utilizadores. Os recursos de água doce são o pilar que sustenta o desenvolvimento e mantém a segurança alimentar, os meios de subsistência, o crescimento industrial e a sustentabilidade ambiental em todo o mundo (Turner *et* al., 2004).

No entanto, os recursos de água doce são escassos. Apenas 2,5 por cento de todos os recursos hídricos são água doce. Os oceanos representam 96,5 por cento e a água salobra cerca de 1 por cento.

Em termos de peles, 70 por cento de todos os recursos de água doce estão encerrados nos glaciares, na neve permanente (calotes polares, por exemplo) e na atmosfera (Dompka, Krchnak e Thorne, 2002; UNES-CO, 2005). 110 000 km³ de água doce caem anualmente sobre a Terra sob a forma de precipitação, dos quais 70 000 km3 se evaporam imediatamente para a atmosfera. Dos 40 000 km3 restantes, apenas 12 500 km3 são acessíveis para utilização humana (Postel, 1996).

Os recursos de água doce estão distribuídos de forma desigual a nível mundial. Mais de 2,3 mil milhões de pessoas em 21 países vivem em bacias com stress hídrico (com 1 000 a 1 700 m3 por pessoa e por ano). Cerca de 1,7 mil milhões de pessoas vivem em bacias em condições de escassez (com menos de 1 000 m3 por pessoa por ano), ver Mapa 28, Anexo 1 (Rosegrant, Cai e Cline, 2002; Kinje, 2001; Bernstein, 2002; Brown, 2002). Mais de mil milhões de pessoas não têm acesso suficiente a água potável. Grande parte do crescimento da população humana mundial e da expansão agrícola está a ocorrer em regiões com escassez de água.

A disponibilidade de água sempre foi um fator limitativo das actividades humanas, em especial da agricultura, e o nível crescente de procura de água é uma preocupação crescente. As captações excessivas e a má gestão dos recursos hídricos resultaram na diminuição dos lençóis freáticos, na deterioração dos solos e na redução da qualidade da água em todo o mundo. Como consequência direta da falta de uma gestão adequada dos recursos hídricos, vários países e regiões enfrentam um esgotamento contínuo dos recursos hídricos (Rosegrant,
Cai e Cline, 2002).
A captação de água doce desviada dos rios e bombeada dos aquíferos foi estimada em 3 906 km3 em 1995 (Rosegrant, Cai e Cline, 2002). Parte desta água regressa ao ecossistema, embora a poluição dos recursos hídricos seja acelerada pela descarga crescente de águas residuais nos cursos de água. De facto, nos países em desenvolvimento, 90-95% das águas residuais públicas e 70% dos resíduos industriais são descarregados nas águas superficiais sem tratamento (Bernstein, 2002).

O sector agrícola é o maior utilizador de recursos de água doce. Em 2000, a agricultura foi responsável por 70% da utilização da água e por 93% do esgotamento da água a nível mundial (ver Quadro 4.1) (Turner *et* al., 2004). A área irrigada multiplicou-se quase cinco vezes ao longo do último século e em

2003 ascendia a 277 milhões de hectares (FAO, 2006b). No entanto, nas últimas décadas, o crescimento da utilização dos recursos hídricos para fins domésticos e industriais tem sido mais rápido do que para a agricultura. De facto, entre 1950 e 1995, as captações para fins domésticos e industriais quadruplicaram, enquanto que para fins agrícolas apenas duplicaram (Rosegrant, Cai e Cline, 2002). Atualmente, as pessoas consomem 30-300 litros por pessoa por dia para fins domésticos, enquanto são necessários 3 000 litros por dia para cultivar os seus alimentos diários (Turner et al., 2004).

Um dos principais desafios do desenvolvimento agrícola atual é manter a segurança alimentar e aliviar a pobreza sem esgotar ainda mais os recursos hídricos e danificar os ecossistemas (Rosegrant, Cai e Cline, 2002).

A ameaça de uma escassez crescente

As projecções sugerem que a situação se agravará nas próximas décadas, levando possivelmente a um aumento dos conflitos entre utilizações e utilizadores. Num cenário de "manutenção do status quo" (Rosegrant *et al.,* 2002), prevê-se que a captação global de água aumente 22% para 4 772 кт₃ em 2025. Este aumento será impulsionado principalmente pelas utilizações domésticas, industriais e pecuárias; esta última apresenta um crescimento de mais de 50 por cento. O consumo de água para fins não Prevê-se que as utilizações agrícolas aumentem 62% entre 1995 Utilização da água e esgotamento por sector e 2025. No entanto, a utilização de água para irrigação aumentará apenas 4% durante esse período. Prevê-se que o maior aumento da procura de água para irrigação ocorra na África Subsariana e na América Latina, com 27 e 21%, respetivamente; ambas as regiões têm atualmente uma utilização limitada da irrigação (Rosegrant, Cai e Cline, 2002).

Como consequência direta do aumento esperado da procura de água, Rosegrant, Cai e Cline (2002) projectaram que, até 2025, 64% da população mundial viverá em bacias com escassez de água (contra os actuais 38%). Uma avaliação recente do Instituto Internacional de Gestão da Água (IWMI) prevê que, até 2023, 33% da população mundial (1,8 mil milhões de pessoas) viverá em zonas de escassez absoluta de água, incluindo o Paquistão, a África do Sul e grandes partes da Índia e da China (IWMI, 2000).

A crescente escassez de água é suscetível de comprometer a produção alimentar, uma vez que a água terá de ser desviada da utilização agrícola para fins ambientais, industriais e domésticos (IWMI, 2000). No cenário "business as usual" acima referido, a escassez de água pode causar uma perda de produção potencial de 350 milhões de toneladas de alimentos, quase igual à atual produção total de cereais dos Estados Unidos (364 milhões de toneladas em 2005) (Rosegrant, Cai e Cline, 2002; FAO, 2006b). Os países em situação de escassez absoluta de água terão de importar uma parte substancial do seu consumo de cereais, enquanto os países incapazes de financiar essas importações serão ameaçados pela fome e pela subnutrição (IWMI, 2000).

Mesmo os países com recursos hídricos suficientes terão de expandir o seu abastecimento de água para fazer face ao aumento da procura. Existe uma preocupação generalizada de que muitos países, especialmente na África Subsaariana, não terão a capacidade financeira e técnica necessária (IWMI, 2000).

Os recursos hídricos estão ameaçados de outras formas. A utilização inadequada dos solos pode reduzir o abastecimento de água, reduzindo a infiltração, aumentando o escoamento superficial e limitando a reposição natural dos recursos hídricos subterrâneos e a manutenção de caudais adequados nos cursos de água, especialmente durante as estações secas. A utilização incorrecta dos solos pode condicionar gravemente o acesso futuro aos recursos hídricos e pode ameaçar o bom funcionamento dos ecossistemas. Os ciclos da água são ainda mais afectados pela desflorestação, um processo em curso ao ritmo de 9,4 milhões de hectares por ano, de acordo com a última avaliação da FAO (FAO, 2005a).

A água também desempenha um papel fundamental no funcionamento dos ecossistemas, actuando como meio e/ou reagente de processos bioquímicos. O esgotamento afectará os ecossistemas ao reduzir a disponibilidade de água para as espécies vegetais e animais, induzindo uma mudança para ecossistemas mais secos.

A poluição também prejudica os ecossistemas, uma vez que a água é um veículo para numerosos agentes poluentes. Consequentemente, os poluentes têm um impacto não só a nível local, mas também em vários ecossistemas ao longo do ciclo da água, por vezes longe das fontes iniciais.

Entre os vários ecossistemas afectados pelas tendências de esgotamento da água, os ecossistemas de zonas húmidas estão especialmente em risco. Os ecossistemas das zonas húmidas são os habitats com maior diversidade de espécies do planeta e incluem lagos, planícies aluviais, pântanos e deltas. Os ecossistemas fornecem uma vasta gama de serviços e bens ambientais, avaliados globalmente em 33 biliões de dólares, dos quais 14,9 biliões de dólares são fornecidos pelas zonas húmidas (Ramsar, 2005). Estes serviços incluem o controlo de cheias, o reabastecimento de águas subterrâneas, a estabilização da linha costeira e a proteção contra tempestades, a regulação de sedimentos e nutrientes, a mitigação das alterações climáticas, a purificação da água, a conservação da biodiversidade, o lazer, o turismo e as oportunidades culturais. No entanto, os ecossistemas das zonas húmidas estão sob grande ameaça e sofrem com a extração excessiva, a poluição e o desvio dos recursos hídricos. Estima-se que 50% das zonas húmidas mundiais tenham desaparecido no último século (IUCN, 2005; Ramsar, 2005).

Os impactos do sector pecuário nos recursos hídricos não são muitas vezes bem compreendidos pelos decisores. O foco principal é geralmente o segmento mais óbvio da cadeia de produtos pecuários: a produção a nível das explorações agrícolas. Mas
a utilização global da água[1] direta ou indiretamente pelo sector pecuário é frequentemente ignorada. Do mesmo modo, a contribuição do sector pecuário para o esgotamento da água[2] centra-se principalmente

na contaminação da água por estrume e resíduos.

Este capítulo tenta fornecer uma visão abrangente do papel do sector pecuário na questão do esgotamento dos recursos hídricos. Mais especificamente, apresentaremos estimativas quantitativas da utilização da água e da poluição associadas aos principais segmentos da cadeia de produção de alimentos para animais.

Analisaremos também, sucessivamente, a contribuição da pecuária para o fenómeno da poluição da água e da evapotranspiração e o seu impacto no processo de reconstituição dos recursos hídricos através de uma utilização inadequada dos solos. A última secção propõe opções técnicas para inverter estas tendências de esgotamento da água.

Utilização da água

A utilização de água pela pecuária e a sua contribuição para as tendências de esgotamento da água são elevadas e estão a aumentar. É necessária uma quantidade crescente de água para satisfazer as necessidades crescentes de água no processo de produção animal, desde a produção de alimentos para animais até ao fornecimento de produtos.

Bebidas e serviços

A utilização da água para beber e servir os animais é a procura mais óbvia de recursos hídricos relacionados com a produção animal. A água representa 60 a 70 por cento do peso corporal e é essencial para os animais manterem as suas funções fisiológicas vitais. Os animais satisfazem as suas necessidades de água através da água potável, da água contida nos alimentos para animais e da água metabólica produzida pela oxidação dos nutrientes. A água é perdida do corpo através da respiração (pulmões), da evaporação (pele), da defecação (intestinos) e da micção (rins). As perdas de água aumentam com temperaturas elevadas e baixa humidade (Pallas, 1986; National Research Council, 1994, National Research Council, 1981). A redução da ingestão de água resulta numa menor produção de carne, leite e ovos. A privação de água resulta rapidamente numa perda de apetite e de peso, com a morte a ocorrer após alguns dias, quando o animal perdeu entre 15 a 30 por cento do seu peso.

Em sistemas de pastoreio extensivo, a água contida nas forragens contribui significativamente para satisfazer as necessidades hídricas. Em climas secos, o teor de água das forragens diminui de 90 por cento durante a estação de crescimento para cerca de 10 a 15 por cento durante a estação seca (Pallas, 1986). Os alimentos secos ao ar, os grãos e os concentrados normalmente distribuídos nos sistemas de produção industrializados contêm muito menos água: cerca de 5 a 12 por cento do peso dos alimentos (National Research Council, 2000, 1981). A água metabólica pode fornecer até 15 por cento das necessidades de água.

Uma vasta gama de factores inter-relacionados influenciam as necessidades de água, incluindo: a espécie animal; a condição fisiológica do animal; o nível de ingestão de matéria seca; a forma física da dieta; a disponibilidade e qualidade da água; a temperatura da água oferecida; a temperatura ambiente e o sistema de produção (National Research Council, 1981; Luke, 1987). As necessidades de água por animal podem ser elevadas, especialmente para animais altamente produtivos em condições quentes e secas

A produção animal, especialmente nas explorações industrializadas, também necessita de água de serviço - para limpar as unidades de produção, para lavar os animais, para arrefecer as instalações, os animais e os seus produtos (leite) e para a eliminação de resíduos (Hutson *et al.*, 2004; Chapagain e Hoekstra, 2003). Em particular, os porcos necessitam de muita água quando são mantidos em "sistemas de lavagem[3] "; neste caso, as necessidades de água de serviço podem ser sete vezes superiores às necessidades de água potável. Embora os dados sejam escassos, o Quadro 4.3 dá algumas indicações sobre estas necessidades de água. As estimativas não têm em conta as necessidades de arrefecimento, que podem ser significativas.

Os sistemas de produção diferem normalmente na utilização de água por animal e na forma como estas necessidades são satisfeitas. Nos sistemas extensivos, o esforço despendido pelos animais em busca de alimentos e água aumenta consideravelmente a necessidade de água, em comparação com os sistemas industrializados onde os animais não se deslocam muito. Em contrapartida, a produção intensiva tem necessidades adicionais de água de serviço para as instalações de refrigeração e limpeza. Também é importante notar que o abastecimento de água difere muito entre os sistemas de produção industrializados e extensivos. Nos sistemas de pecuária extensiva, 25 por cento das necessidades de água (incluindo água de serviço) provêm da alimentação, contra apenas 10 por cento nos sistemas de produção de pecuária intensiva (National Research Council, 1981).

Em alguns locais, a importância da utilização da água do gado para beber e para abastecimento, em comparação com outros sectores, pode ser impressionante. Por exemplo, no Botsuana, a utilização da água pelo gado representa 23% da utilização total da água no país e é o segundo principal utilizador dos recursos hídricos. Como os recursos hídricos subterrâneos se reabastecem apenas lentamente, o lençol freático no Kalahari diminuiu substancialmente desde o século XIX. No futuro, outros sectores irão exigir mais água e a escassez de água poderá tornar-se dramática; Els e Rowntree, 2003; Thomas, 2002). No entanto, na maioria dos países, a utilização de água para beber e para serviços continua a ser pequena em comparação com outros sectores. Nos Estados Unidos, por exemplo, embora localmente importante nalguns estados, a utilização de água potável e de serviço pelos animais era inferior a 1% da utilização total de água doce em 2000 (Hutson *et al.,* 2004).

Com base nas necessidades metabólicas, nas estimativas relativas à extensão dos sistemas de produção e à sua utilização da água, podemos estimar a utilização global de água para satisfazer as necessidades de água potável dos animais em 16,2 km³ , e as necessidades de água de serviço em 6,5 km³ (não incluindo as necessidades de água de serviço para os pequenos ruminantes) (ver Quadros 4.4 e 4.5). A nível regional, a maior procura de água de serviço e potável verifica-se na América do Sul (totalizando

5,3 km³ /yr), no Sul da Ásia (4,1 km³ /yr) e na África Subsariana (3,1 km³ /yr). Estas áreas representam 55% das necessidades globais de água do sector pecuário

Globalmente, as necessidades de água para beber e servir o gado representam apenas 0,6% de toda a utilização de água doce (ver Tabelas 4.4 e 4.5). Este valor de uso direto é o único que a maioria dos decisores tem em consideração. Como resultado, o sector pecuário não é normalmente considerado como um dos principais factores de esgotamento dos recursos de água doce. No entanto, este valor é consideravelmente subestimado, uma vez que não tem em conta outras necessidades de água que o sector da pecuária implica direta e indiretamente. Analisaremos de seguida as implicações hídricas de todo o processo de produção.

Processamento de produtos
O sector da pecuária fornece uma vasta gama de produtos, desde o leite e a carne até produtos de elevado valor acrescentado, como o couro ou pratos pré-cozinhados. Percorrer toda a cadeia e identificar a parte da utilização da água imputável ao sector pecuário é um exercício complexo. Centramo-nos aqui nas etapas primárias da cadeia de transformação dos produtos, que inclui o abate, a transformação da carne e do leite e as actividades de curtimento Matadouros e indústria agroalimentar

Os produtos animais primários, como os animais vivos ou o leite, são normalmente transformados em diferentes tipos de carne e produtos lácteos antes de serem consumidos. A transformação da carne inclui uma série de actividades, desde o abate até actividades complexas de valor acrescentado. A Figura 4.1 mostra o processo genérico da carne, embora os passos possam variar consoante a espécie. Para além destes processos genéricos, as operações de processamento de carne podem também incorporar o processamento de miudezas e a transformação. A transformação converte os subprodutos em produtos de valor acrescentado, como o sebo, a carne e as farinhas de sangue.

Tal como muitas outras actividades de processamento de alimentos, os requisitos de higiene e qualidade no processamento de carne resultam numa elevada utilização de água e, consequentemente, numa elevada produção de águas residuais. A água é o principal insumo em cada etapa do processamento, exceto na embalagem final e no armazenamento (ver Figura 4.1).

Nos matadouros de carne vermelha (bovina e de búfalo), a água é utilizada principalmente para a lavagem das carcaças em várias fases e para a limpeza. Do total de água utilizada na transformação, entre 44 e 60 por cento é consumida nas áreas de abate, evisceração e desossa (MRC, 1995). As taxas de utilização de água variam de 6 a 15 litros por quilo de carcaça. Dado que a produção mundial de carne de bovino e de búfalo foi de 63 milhões de toneladas em 2005, uma estimativa conservadora da utilização de água para estas fases situar-se-ia entre 0,4 e 0,95 km^3 , ou seja, entre 0,010 por cento e 0,024 por cento da utilização global de água (FAO, 2005!).

Nas instalações de transformação de aves de capoeira, a água é utilizada para lavar as carcaças e para a limpeza; para escaldar as aves com água quente antes da retirada das penas; em calhas de água para o transporte de penas, cabeças, pés e vísceras e para a refrigeração das aves. A transformação de aves de capoeira tende a ser mais intensiva em água por unidade de peso do que a transformação de carne vermelha (Wardrop Engineering, 1998). A utilização de água é da ordem dos 1 590 litros por ave transformada (Hrudey, 1984). Em 2005, foi abatido um total de 48 mil milhões de aves a nível mundial. Uma estimativa conservadora da utilização global de água seria de cerca de 1,9 km^3 , representando 0,05% da utilização de água.

Os produtos lácteos também requerem quantidades significativas de água. As melhores práticas de utilização de água nos processos comerciais do leite são de 0,8 a 1 litro de água/kg de leite (UNEP, 1997a). Estas estimativas conservadoras resultam numa utilização global de água para o processamento do leite superior a 0,6 km^3 (0,015% da utilização global de água), sem considerar a água utilizada para os produtos derivados, especialmente o queijo.

Curtumes

Entre 1994 e 1996, foram transformadas anualmente cerca de 5,5 milhões de toneladas de peles em bruto para produzir 0,46 milhões de toneladas de couro pesado e cerca de 940 milhões de m² de couro leve. Outros 0,62 milhões de toneladas de peles em bruto em base seca foram convertidas em quase 385 milhões de m² de couro de ovinos e caprinos.

O processo de curtume inclui quatro etapas operacionais principais: armazenamento e casa de vigas; curtume; pós-curtume; e acabamento. Dependendo do tipo de tecnologia aplicada, as necessidades de água para o processamento de peles variam muito, desde 37 a 59 m³ por tonelada de peles em bruto quando se utilizam tecnologias convencionais até 14 m³ quando se utilizam tecnologias avançadas (ver Quadro 4.6). Isto equivale a um total mundial de 0,2 a 0,3 km³ por ano (0,008 por cento da utilização global de água).

Os requisitos de utilização de água para a transformação de produtos animais podem ter um impacto ambiental significativo em alguns locais. No entanto, a principal ameaça ambiental reside no volume de poluentes descarregados localmente pelas unidades de transformação.

Produção de alimentos para animais

Tal como descrito anteriormente, o sector da pecuária é o maior utilizador antropogénico de terras do mundo. A grande maioria destas terras e grande parte da água que contêm e recebem destinam-se à produção de alimentos para animais.

A evapotranspiração é o principal mecanismo pelo qual as culturas e os prados esgotam os recursos hídricos. Quando a água evapotranspirada pelas culturas forrageiras é atribuída à produção de animais vivos, as quantidades envolvidas são tão grandes que as outras utilizações da água acima descritas são insignificantes em comparação. Zimmer e Renault (2003), por exemplo, mostram, num esforço de contabilidade aproximado, que o sector pecuário pode representar cerca de 45% do orçamento global de água utilizada na produção de alimentos. No entanto, uma grande parte desta utilização da água não é significativa do ponto de vista ambiental. A evapotranspiração dos prados e das terras forrageiras não cultivadas utilizadas para pastagem representa uma grande parte. Esta água tem, em geral, pouco ou nenhum custo de oportunidade e, de facto, a quantidade de água perdida na ausência de pastoreio pode não ser inferior. As terras de pastagem geridas de forma mais intensiva têm frequentemente potencial agrícola, mas situam-se sobretudo em zonas com abundância de água, ou seja, é mais a terra que tem um custo de oportunidade do que a água.

Não se prevê que a água utilizada para a produção de alimentos para animais em sistemas de produção animal extensiva em terra aumente substancialmente. Como já foi referido, os sistemas de pastoreio estão em declínio relativo na maior parte do mundo. Uma razão importante é o facto de a maior parte das pastagens se situar em zonas áridas ou semi-áridas onde a água é escassa, o que limita a expansão ou intensificação da produção animal. A produção em sistemas mistos continua a expandir-se rapidamente, e a água não é um fator limitante na maioria das situações. Neste caso, são esperados ganhos de produtividade decorrentes de um maior nível de integração entre a produção animal e a produção vegetal, com os animais a consumirem quantidades consideráveis de resíduos das culturas.

Em contrapartida, os sistemas mistos geridos de forma mais intensiva e os sistemas pecuários industriais caracterizam-se por um elevado nível de factores de produção externos, ou seja, alimentos concentrados para animais e aditivos, frequentemente transportados a longas distâncias. A procura destes produtos e, por conseguinte, a procura das matérias-primas correspondentes (ou seja, cereais e oleaginosas), está a aumentar rapidamente[4] . Além disso, as culturas cerealíferas e oleaginosas ocupam terras aráveis, onde a água tem geralmente um custo de oportunidade considerável. São produzidas quantidades substanciais por irrigação em zonas com escassez relativa de água[5] . Nessas zonas, o sector pecuário pode ser diretamente responsável por uma grave degradação ambiental através do esgotamento da água, dependendo da fonte da água de irrigação. No entanto, em zonas de sequeiro, mesmo a crescente apropriação de terras aráveis pelo sector pode, de forma mais indireta, levar ao esgotamento da água disponível, uma vez que reduz a água disponível para outras utilizações, em especial para as culturas alimentares.

Tendo em conta o aumento da utilização "onerosa" da água pelo sector pecuário, é importante avaliar o seu significado atual. O Anexo 3.4 apresenta uma metodologia para quantificar este tipo de utilização da água pelo sector pecuário e avaliar a sua importância. Esta avaliação baseia-se em cálculos de balanço hídrico espacialmente pormenorizados e na informação disponível para as quatro culturas forrageiras mais importantes: cevada, milho, trigo e soja (a seguir designadas por BMWS). Os resultados apresentados no Quadro 4.7 não representam, por conseguinte, a totalidade da utilização da água pelas culturas forrageiras. Estas quatro culturas representam cerca de três quartos do total de alimentos para animais utilizados na produção intensiva de monogástricos. Para outros utilizadores significativos destes factores de produção externos, ou seja, o sector leiteiro intensivo, esta percentagem é da mesma ordem de grandeza.

O anexo 3.4 descreve duas abordagens diferentes concebidas para lidar com a incerteza na estimativa da utilização da água pelas culturas forrageiras, relacionada com a falta de conhecimento das localizações das culturas forrageiras. Isto sugere que, apesar de um certo número de pressupostos não verificados, as quantidades agregadas resultantes podem fornecer estimativas bastante exactas.

Globalmente, a alimentação BMWS represena cerca de 9 por cento de toda a água de irrigação evapotranspirada globalmente. Quando incluímos a evapotranspiração da água recebida da precipitação em áreas irrigadas, esta percentagem sobe para cerca de 10% da água total evapotranspirada em áreas irrigadas. Considerando que as matérias-primas para alimentação animal não transformadas do BMWS representam apenas cerca de três quartos dos alimentos dados ao gado gerido de forma intensiva, quase 15% da água evapotranspirada nas áreas irrigadas pode provavelmente ser atribuída ao gado.

Existem diferenças regionais acentuadas. Na África subsariana e na Oceânia, muito pouca irrigação é dedicada à alimentação BMWS, quer em termos absolutos quer em termos relativos. No Sul da Ásia/Índia, a quantidade de água de irrigação evapotranspirada pela alimentação BMWS, embora considerável, representa apenas uma pequena parte da água total evapotranspirada através da irrigação. Quantidades absolutas semelhantes na região da Ásia Ocidental e do Norte de África, mais carente de água, representam cerca de 15% da água total evapotranspirada nas áreas irrigadas. A percentagem mais elevada de água evapotranspirada através da irrigação encontra-se, de longe, na Europa Ocidental (mais de 25%), seguida da Europa Oriental (cerca de 20%). A irrigação não está muito difundida na Europa, que geralmente não tem falta de água e, de facto, a correspondente utilização de água de irrigação para alimentação do BMWS é menor em termos absolutos do que para o WANA. Mas a parte sul da Europa Ocidental sofre regularmente secas no verão. No sudoeste da França, por exemplo, o milho irrigado (para alimentação animal) tem sido repetidamente considerado responsável por graves quedas no caudal dos principais rios, bem como por danos na aquicultura costeira durante essas secas de verão e por pastagens improdutivas para o sector dos ruminantes (Le Monde, 31-07-05). As quantidades absolutas mais elevadas de água de irrigação de rações BMWS evapotranspirada encontram-se nos Estados Unidos e no Leste e Sudeste da Europa.

Ásia (ESEA), em ambos os casos representando também uma elevada percentagem do total (cerca de 15 por cento). Uma parte considerável da água de irrigação nos Estados Unidos tem origem em recursos hídricos subterrâneos fósseis (US Geological Survey, 2005). Na ESEA, tendo em conta as mudanças em curso no sector da pecuária, o esgotamento da água e os conflitos sobre a sua utilização podem tornar-se problemas graves nas próximas décadas.

Apesar da sua relevância ambiental, a água de irrigação representa apenas uma pequena parte do total de água evapotranspirada para alimentação de BMWS (6% globalmente). Relativamente a outras culturas, as rações BMWS na América do Norte e na América Latina estão preferencialmente localizadas em áreas de sequeiro: a sua quota na evapotranspiração de sequeiro é muito maior do que a da evapotranspiração da água de rega. Na Europa, pelo contrário, os alimentos BMWS para animais são preferencialmente irrigados, enquanto mesmo numa região com escassez crítica de água como a WANA, a quota-parte dos alimentos BMWS para animais na evapotranspiração das terras irrigadas excede a das terras aráveis de sequeiro. É evidente que a produção de alimentos para animais consome grandes quantidades de recursos hídricos de importância crítica e compete com outras utilizações e utilizadores.

Poluição da água

A maior parte da água utilizada pelo gado regressa ao ambiente. Parte dela pode ser reutilizável na mesma bacia, enquanto outra pode ser poluída[6] ou evapotranspirada e, assim, esgotada. A água poluída pela produção animal, pela produção de alimentos para animais e pela transformação de produtos diminui o abastecimento de água e contribui para o seu esgotamento.

Os mecanismos de poluição podem ser divididos em fontes pontuais e fontes não pontuais. A poluição pontual é uma descarga observável, específica e confinada de poluentes numa massa de água. Aplicada aos sistemas de produção animal e aos pontos, a poluição de origem pontual refere-se a confinamentos, fábricas de transformação de alimentos e fábricas de transformação de produtos agroquímicos. A poluição de origem não pontual é caracterizada por uma descarga difusa de poluentes, geralmente em grandes áreas, como as pastagens.

Resíduos de animais

A maior parte da água utilizada para beber e tratar os animais regressa ao ambiente sob a forma de estrume e de águas residuais. Os excrementos dos animais contêm uma quantidade considerável de nutrientes (azoto, fósforo, potássio), resíduos de medicamentos, metais pesados e agentes patogénicos. Se estes entrarem na água ou se acumularem no solo, podem constituir sérias ameaças para o ambiente (Gerber e Menzi, 2005). Podem estar envolvidos diferentes mecanismos na contaminação dos recursos de água doce por estrume e águas residuais. A contaminação da água pode ser direta através da perda por escoamento de edifícios agrícolas, perdas devido a falhas nas instalações de armazenamento, deposição de material fecal em fontes de água doce e percolação profunda e transporte através das camadas do solo através das águas de drenagem a nível da exploração agrícola. Pode também ser indireta, através da poluição de fontes não pontuais proveniente do escoamento superficial e do escoamento superficial das zonas de pastagem e das terras de cultivo.

Os excedentes de nutrientes estimulam a eutrofização e podem representar um perigo para a saúde

A ingestão de nutrientes pelos animais pode ser extremamente elevada (ver Quadro 4.8). Por exemplo, uma vaca leiteira produtiva ingere até 163,7 kg de N e 22,6 kg de P por ano. Alguns dos nutrientes ingeridos são sequestrados no animal, mas a maior parte regressa ao ambiente e pode representar uma ameaça para a qualidade da água. As excreções anuais de nutrientes por diferentes animais são apresentadas no Quadro 4.8. No caso de uma vaca leiteira produtiva, são excretados todos os anos 129,6 kg de N (79% do total ingerido) e 16,7 kg de P (73%) (de Wit *et al.*, 1997). A carga de fósforo excretada por uma vaca é equivalente à de 18-20 seres humanos (Novotny et al., 1989). A concentração de azoto é mais elevada no estrume de porco (76,2 g/N/kg de peso seco), seguida dos perus (59,6 g/kg), das aves de capoeira poedeiras (49,0), dos ovinos (44,4), dos frangos de carne (40,0), dos bovinos leiteiros (39,6) e dos bovinos de carne (32,5). O teor de fósforo é mais elevado nas aves de capoeira poedeiras (20,8 g/P/kg de peso seco), seguido dos suínos (17,6), perus (16,5), frangos de carne (16,9), ovinos (10,3), bovinos de carne (9,6) e bovinos de leite (6,7) (Sharpley et al., 1998 in Miller, 2001). Em zonas de produção intensiva, estes valores resultam em elevados excedentes de nutrientes que podem ultrapassar as capacidades de absorção dos ecossistemas locais e degradar a qualidade das águas superficiais e subterrâneas (Hooda et al., 2000).

De acordo com a nossa avaliação, a nível global, estima-se que os excrementos dos animais em 2004 continham 135 milhões de toneladas de N e 58 milhões de toneladas de P. Em 2004, os bovinos foram os maiores contribuintes para a excreção de nutrientes, com 58% do N; os suínos representaram 12% e as aves de capoeira 7%. Os principais contribuintes de nutrientes são os sistemas de produção mistos, que representam 70,5% da excreção de N e P, seguidos pelos sistemas de pastagem, com 22,5% da excreção anual de N e P. Em termos geográficos, o maior contribuinte individual é a Ásia, que representa 35,5% da excreção anual global de N e P.

As concentrações elevadas de nutrientes nos recursos hídricos podem conduzir a uma sobre-estimulação das espécies aquáticas.

crescimento de plantas e algas que conduzem à eutrofização, ao sabor e odor indesejáveis da água e ao crescimento excessivo de bactérias nos sistemas de distribuição. Podem proteger os microrganismos do efeito da salinidade e da temperatura e podem constituir um perigo para a saúde pública. A eutrofização é um processo natural no envelhecimento dos lagos e de alguns estuários, mas a criação de gado e outras actividades relacionadas com a agricultura podem acelerar muito a eutrofização, aumentando a taxa a que os nutrientes e as substâncias orgânicas entram nos ecossistemas aquáticos a partir das bacias hidrográficas circundantes (Carney *et al.*, 1975; Nelson *et* al., 1996). Globalmente, a deposição de nutrientes (especialmente N) excede as cargas críticas para a eutrofização em 7-18% da área dos ecossistemas naturais e semi-naturais (Bouwman e van

Vuuren, 1999).
Se o crescimento das plantas resultante da eutrofização for moderado, pode constituir uma base alimentar para a comunidade aquática. Se for excessivo, a proliferação de algas e a atividade microbiana podem utilizar excessivamente os recursos de oxigénio não dissolvido, o que pode prejudicar o bom funcionamento dos ecossistemas. Outros efeitos adversos da eutrofização incluem:

- alterações nas caraterísticas do habitat devido a mudanças na mistura de plantas aquáticas;

- a substituição de peixes desejáveis por espécies menos desejáveis e as perdas económicas associadas;

- produção de toxinas por certas algas;, aumento das despesas de funcionamento do abastecimento

  público de água;

- Enchimento e obstrução dos canais de irrigação com ervas aquáticas;

- perda de oportunidades de utilização recreativa; e

- impedimentos à navegação devido ao crescimento denso de ervas daninhas.

Estes impactos ocorrem tanto em ecossistemas de água doce como em ecossistemas marinhos, onde a proliferação de algas causa problemas generalizados, libertando toxinas e provocando anoxia ("zonas mortas"), com graves impactos negativos na aquicultura e nas pescas (Environmental Protection Agency, 2005; Belsky, Matze e Uselman, 1999; Ongley, 1996; Carpenter O fósforo é frequentemente considerado como o principal nutriente limitante na maioria dos ecossistemas aquáticos. No bom funcionamento dos ecossistemas, a capacidade das zonas húmidas e dos cursos de água para reter P é crucial para a qualidade da água a jusante. Mas um número crescente de estudos identificou o N como o principal nutriente limitante. Em termos gerais, o P tende a ser mais problemático para a qualidade das águas superficiais, ao passo que o N tende a constituir uma ameaça maior para a qualidade das águas subterrâneas devido à lixiviação de nitratos através das camadas do solo (Mosley *et al.*, 1997; Melvin, 1-995; Reddy et al., 1999; Miller, 2001; Carney, Carty e Colwell, 1975; Nelson, Cotsaris e Oades, 1996 Azoto: O azoto está presente no ambiente sob diferentes formas. Algumas formas são inofensivas, enquanto outras são extremamente nocivas. Dependendo da sua forma, o azoto pode ser armazenado e imobilizado no solo, ou pode ser lixiviado para os recursos hídricos subterrâneos, ou pode ser volatilizado. O N inorgânico é muito móvel através das camadas do solo em comparação com o N orgânico.

O azoto é excretado pelos animais tanto em compostos orgânicos como inorgânicos. A fração inorgânica é equivalente ao azoto emitido na urina e é geralmente superior à orgânica. As perdas diretas de N dos excrementos e do estrume assumem quatro formas principais: amoníaco (NH_3), dinitrogénio (N_2), óxido nitroso (N_2O) ou nitrato (NO_3^-) (Mil-chunas e Lauenroth, 1993; Whitmore, 2000). Parte do N inorgânico é volatizado e emitido sob a forma de amoníaco nos estábulos, durante a deposição e o armazenamento do estrume, após a aplicação do estrume e nas pastagens.

As condições de armazenamento e de aplicação do estrume influenciam grandemente a transformação biológica dos compostos N e os compostos resultantes representam diferentes ameaças para o ambiente. Em condições anaeróbicas, o nitrato é transformado em N2 inofensivo (desnitrificação). No entanto, se o carbono orgânico for deficiente, relativamente ao nitrato, a produção do subproduto nocivo N2O aumenta. Esta nitrificação sub-óptima ocorre quando o amoníaco é lavado diretamente do solo para os recursos hídricos

(Whitmore, 2000; Carpenter *etal.*, 1998).

A lixiviação é outro mecanismo pelo qual o azoto se perde nos recursos hídricos. Na sua forma de nitrato (NO_3) (N inorgânico), o azoto é muito móvel na solução do solo e pode ser facilmente lixiviado abaixo da zona de enraizamento para as águas subterrâneas ou entrar no fluxo subsuperficial. O azoto (especialmente as suas formas orgânicas) pode também ser transportado para os sistemas hídricos através do escoamento superficial. Os elevados níveis de nitratos observados nos cursos de água perto de zonas de pastagem resultam principalmente de descargas de águas subterrâneas e do fluxo subsuperficial. Quando o estrume é utilizado como fertilizante orgânico, muitas das perdas de azoto após a aplicação estão associadas à mineralização da matéria orgânica do solo numa altura em que não há cobertura vegetal (Gerber e Menzi, 2005; Stoate et al., 2001; Hooda et al., 2000).

Níveis elevados de nitratos nos recursos hídricos podem representar um perigo para a saúde. Níveis excessivos na água potável podem causar metemoglobinemia ("síndrome do bebé azul") e podem envenenar os bebés humanos. Nos adultos, a toxicidade dos nitratos pode também causar aborto e cancro do estômago. O valor-guia da OMS para a concentração de nitratos na água potável é de 45 mg/litro (10 mg/litro para NO_3-N) (Osterberg e Wallinga, 2004; Bellows, 2001; Hooda et al., 2000). O nitrito (NO_2-) é tão suscetível de ser lixiviado como o nitrato, e é muito mais tóxico A grave ameaça de poluição da água representada pelos sistemas de produção animal industrializados tem sido amplamente descrita. Nos Estados Unidos, por exemplo, Ritter e Chirnside (1987) analisaram a concentração de NO_3-N em 200 poços de água subterrânea em Delaware (citado em Hooda et al., 2000). Os seus resultados demonstraram o elevado risco local apresentado pelos sistemas de produção pecuária industrial: nas zonas de produção avícola, a taxa de concentração média foi de 21,9 mg/litros, em comparação com 6,2 nas zonas de produção de milho e 0,58 nas zonas florestais. Noutro estudo realizado no sudoeste do País de Gales (Reino Unido), Schofield, Seager e Merriman (1990) mostraram que um rio que drenava exclusivamente de zonas de criação de gado estava fortemente poluído, com níveis de fundo de 3-5 mg/litros de NH_3-N e picos tão elevados como 20 mg/litros. Os picos elevados podem ocorrer após as chuvas, devido à lavagem de resíduos dos quintais das explorações agrícolas e dos campos de adubo (Hooda *et al.*, 2000).

Do mesmo modo, no Sudeste Asiático, a iniciativa LEAD analisou as fontes terrestres de poluição do Mar da China Meridional, com especial destaque para a contribuição da crescente indústria suinícola na China, Tailândia, Vietname e província chinesa de Guang-dong. Estima-se que os resíduos de suínos contribuam mais para a poluição do que as fontes domésticas humanas, de três por cento para o N e 61% para o P na Tailândia a 72% para o N e 94% para o P na província chinesa de Guangdong (ver Quadro 4.9) (Gerber e Menzi, 2005).

Fósforo: O fósforo na água não é considerado diretamente tóxico para os seres humanos e os animais e, por conseguinte, não foram estabelecidas normas para a água potável no que se refere ao P. O fósforo contamina os recursos hídricos quando o estrume é diretamente depositado ou descarregado no curso de água ou quando são aplicados níveis excessivos de fósforo no solo. Ao contrário do azoto, o fósforo é retido pelas partículas do solo e está menos sujeito a lixiviação, a menos que os níveis de concentração sejam excessivos. A erosão é, de facto, a principal fonte de perda de fosfato e o fósforo é transportado no escoamento superficial em formas solúveis ou particuladas. Em zonas com elevada densidade de gado, os níveis de fósforo podem acumular-se nos solos e chegar aos cursos de água através do escoamento. Nos sistemas de pastoreio, o pisoteio do solo pelo gado afecta a taxa de infiltração e a macroporosidade, causando a perda de sedimentos e fósforo através do escoamento superficial das pastagens e dos solos cultivados (Carpenter *et al.,* 1998; Bellows, 2001; Stoate *et* al., 2001; McDowell et al., 2003).

O carbono orgânico total reduz os níveis de oxigénio na água

Os resíduos orgânicos contêm geralmente uma grande proporção de sólidos com compostos orgânicos que podem ameaçar a qualidade da água. A contaminação orgânica pode estimular a proliferação de algas, o que aumenta a sua procura de oxigénio e reduz o oxigénio disponível para outras espécies. A carência biológica de oxigénio (CBO) é o indicador normalmente utilizado para refletir a contaminação da água por materiais orgânicos. Uma revisão da literatura efectuada por Khaleel e Shearer (1998) encontrou uma forte correlação entre uma CBO elevada e um elevado número de animais ou a descarga direta de efluentes agrícolas. A chuva desempenha um papel importante na variação dos níveis de CBO nos cursos de água que drenam as zonas de criação de gado, a menos que os efluentes agrícolas sejam diretamente descarregados no curso de água (Hooda et al., 2000 O Quadro 4.10 apresenta os níveis de CBO de vários resíduos em Inglaterra. Os resíduos relacionados com a pecuária contam-se entre os que têm a CBO mais elevada. Os impactos do carbono orgânico total e dos níveis associados de CBO na qualidade da água e nos ecossistemas foram avaliados a nível local, mas a falta de dados impossibilita a extrapolação a escalas mais elevadas.

CAPÍTULO 13: UTILIZAÇÃO DE METAIS PESADOS NOS ALIMENTOS PARA ANIMAIS RETORNO AO AMBIENTE

Os metais pesados são administrados aos animais, em baixas concentrações, por razões de saúde ou como promotores de crescimento. Os metais que são adicionados às rações dos animais podem incluir o cobre, o zinco, o selénio, o cobalto, o arsénio, o ferro e o manganês. Na indústria suína, o cobre (Cu) é utilizado para melhorar o desempenho, uma vez que actua como agente antibacteriano no intestino. O zinco (Zn) é utilizado nas dietas dos porcos desmamados para o controlo da diarreia pós-desmame. Na indústria avícola, o Zn e o Cu são necessários, uma vez que são co-factores enzimáticos. O cádmio e o selénio também são utilizados e verificou-se que promovem o crescimento em doses baixas. Outras fontes potenciais de metais pesados na dieta dos animais incluem a água potável, algum calcário e a corrosão do metal utilizado no alojamento dos animais (Nicholson2OO3; Miller, 2001; Sustainable Table, 2005 Os animais podem absorver apenas 5 a 15 por cento dos metais que ingerem. A maior parte dos metais pesados que ingerem são, por conseguinte, excretados e devolvidos ao ambiente. Os recursos hídricos também podem ser contaminados quando os pedilúvios que contêm Cu e Zn são utilizados como desinfectantes para cascos de ovinos e bovinos (Nicholson, 2003; Schultheih *et al.*, 2003; Sustainable Table, 2005).

As cargas de metais pesados provenientes do gado foram analisadas a nível local. Na Suíça, em 1995, verificou-se que a carga total de metais pesados nos estrumes ascendia a 94 toneladas de cobre, 453 toneladas de zinco, 0,375 toneladas de cádmio e 7,43 toneladas de chumbo de um efetivo de 1,64 milhões de bovinos e 1,49 milhões de suínos (FAO, 2006b). Desta carga, 64% (do zinco) a 87% (do chumbo) estavam no estrume do gado (Menzi e Kessler, 1998). No entanto, a maior concentração de cobre e zinco foi encontrada no estrume de suínos.

Vias de poluição

1. Poluição pontual proveniente de sistemas de produção intensiva

Tal como apresentado no Capítulo 1, as principais mudanças estruturais que ocorrem atualmente no sector da pecuária estão associadas ao desenvolvimento de sistemas de produção animal industriais e intensivos. Estes sistemas envolvem frequentemente um grande número de animais concentrados em áreas relativamente pequenas e em relativamente poucas operações. Nos Estados Unidos, por exemplo, 4% dos estábulos representam 84% da produção de gado. Estas concentrações de animais geram enormes volumes de resíduos que têm de ser geridos para evitar a contaminação da água (Carpenter *et al.*, 1998). A forma como os resíduos são geridos varia muito e os impactos associados nos recursos hídricos variam em conformidade.

Nos países desenvolvidos existem quadros regulamentares, mas as regras são frequentemente contornadas ou violadas. Por exemplo, no Estado do Iowa (Estados Unidos), 6% dos 307 grandes derrames de estrume resultaram de acções deliberadas, como a bombagem de estrume para o solo ou a rutura deliberada de lagoas de armazenamento, ao passo que 24% foram causados por falhas ou transbordamento de uma estrutura de armazenamento de estrume (Osterberg e Wallinga, 2004). No Reino Unido, o número de incidentes de poluição comunicados relacionados com resíduos agrícolas aumentou na Escócia, de 310 em 1984 para 539 em 1993, e em Inglaterra e

Irlanda do Norte de 2 367 em 1981 para 4 141 em 1988. O escoamento superficial, proveniente de unidades de produção pecuária intensiva, é também uma das principais fontes de poluição nos países onde o sector pecuário é intensificado.

Nos países em desenvolvimento, e em especial na Ásia, as mudanças estruturais no sector e as alterações subsequentes nas práticas de gestão do estrume causaram impactos ambientais negativos semelhantes. O crescimento em escala e a concentração geográfica nas proximidades das zonas urbanas estão a causar grandes desequilíbrios entre a terra e o gado que dificultam as opções de reciclagem do estrume, como a sua utilização como fertilizante nas terras de cultivo. Nessas condições, os custos de transporte do estrume para o campo são frequentemente proibitivos. Além disso, os terrenos peri-urbanos são demasiado caros para sistemas de tratamento acessíveis, como a lagunagem. Em consequência, a maior parte do estrume líquido dessas operações é diretamente descarregado nos cursos de água. Esta poluição ocorre no meio de elevadas densidades populacionais humanas, aumentando o potencial impacto no bem-estar humano. O tratamento só é praticado numa minoria de explorações agrícolas e é largamente insuficiente para atingir normas de descarga aceitáveis. Embora existam regulamentos relacionados nos países em desenvolvimento, estes raramente são aplicados. Mesmo quando os resíduos são recolhidos (por exemplo, numa lagoa), uma parte considerável perde-se frequentemente por lixiviação ou por transbordo durante a estação das chuvas, contaminando as águas superficiais e os recursos hídricos subterrâneos (Gerber e Menzi, 2005).

Uma vez que a maior parte da poluição não é registada, há falta de dados, pelo que não é possível uma avaliação exaustiva do nível de poluição pontual relacionada com a pecuária a nível global. Olhando para a distribuição global dos sistemas de produção pecuária intensiva (ver Mapa 14 e 15, Anexo 1) e com base em estudos locais que salientam a existência de contaminação direta da água por actividades pecuárias intensivas, é evidente que grande parte da poluição se concentra em zonas com elevada densidade de actividades pecuárias intensivas. Estas zonas situam-se principalmente nos Estados Unidos (costas ocidental e oriental), na Europa (oeste de França, oeste de Espanha, Inglaterra, Alemanha, Bélgica, Países Baixos, norte de Itália e Irlanda), no Japão, na China e no Sudeste Asiático (Indonésia, Malásia, Filipinas, Taiwan, província da China, Tailândia e Vietname), no Brasil, no Equador, no México, na Venezuela e na Arábia Saudita.

2. Poluição de fontes não pontuais proveniente de pastagens e terras aráveis

O sector da pecuária pode ser associado a três mecanismos principais de fontes não pontuais.

Em primeiro lugar, parte dos resíduos da pecuária e, em especial, o estrume, são aplicados nos solos como fertilizantes para a produção de géneros alimentícios e de alimentos para animais.

Em segundo lugar, nos sistemas de produção animal extensiva, a contaminação das águas superficiais por resíduos pode resultar da deposição direta de material fecal nos cursos de água, ou por escoamento superficial e fluxo subsuperficial quando depositado no solo.

Em terceiro lugar, os sistemas de produção animal têm uma elevada procura de alimentos para animais e de recursos forrageiros que, muitas vezes, requerem factores de produção adicionais, como pesticidas ou fertilizantes minerais, que podem contaminar os recursos hídricos depois de aplicados no solo (este aspeto será descrito mais pormenorizadamente na secção

Os agentes poluentes depositados nas pastagens e nas terras agrícolas podem contaminar os recursos hídricos subterrâneos e superficiais. Os nutrientes, os resíduos de medicamentos, os metais pesados ou os contaminantes biológicos aplicados nas terras podem lixiviar-se através das camadas do solo ou ser arrastados pelo escoamento superficial. A medida em que isto acontece depende das caraterísticas do solo e das condições climatéricas, da intensidade, frequência e período de pastoreio e da taxa de aplicação de estrume. Em condições de seca, o escoamento superficial pode não ser frequente, pelo que a maior parte da contaminação fecal resulta da defecação de um animal diretamente para um curso de água (Melvin, 1995; East Bay Municipal Utility District, 2001; Collins e Rutherford, 2004; Miner, Buckhouse e Moore, 1995; Larsen, 1995; Milchunas e Lauenroth, 1993; Bellows, 2001; Whitmore, 2000; Hooda *et al.,* 2000; Sheldricket *al.,* 2003; Carpenter et al., 1998).

O grau de degradação dos solos afecta os mecanismos e as quantidades de poluição. Com a redução do coberto vegetal e o aumento do desprendimento do solo e da erosão subsequente, o escoamento superficial também aumenta, assim como o transporte de nutrientes, contaminantes biológicos, sedimentos e outros contaminantes para os cursos de água. O sector pecuário tem um impacto complexo, uma vez que representa uma fonte indireta e direta de poluição e também influencia diretamente (através da degradação dos solos) os mecanismos naturais que controlam e atenuam as cargas poluentes A aplicação de estrume em terras agrícolas é motivada por dois objectivos compatíveis. Em primeiro lugar (de um ponto de vista ambiental e/ou económico), é um fertilizante orgânico eficaz e reduz a necessidade de adquirir produtos químicos. Em segundo lugar, é normalmente uma opção mais económica do que tratar o estrume para cumprir as normas de descarga.

Os nutrientes recuperados como estrume e aplicados em terras agrícolas foram estimados globalmente em 34 milhões de toneladas de N e 8,8 milhões de toneladas de P em 1996 (Sheldrick, Syers e Lingard, 2003). A contribuição do estrume para o total dos fertilizantes tem vindo a diminuir. Entre 1961 e 1995, as percentagens relativas de N diminuíram de 60% para 30% e as de P de 50% para 38% (Sheldrick, Syers e Lingard, 2003). No entanto, em muitos países em desenvolvimento, o estrume continua a ser o principal contributo de nutrientes para as terras agrícolas (ver Quadro 4.11). As maiores taxas de contribuição do estrume para a fertilização observam-se na Europa Oriental e na CEI (56%) e na África Subsariana (49%). Estas taxas elevadas, especialmente na África Subsariana, reflectem a abundância de terra e o elevado valor económico do estrume como fertilizante, em comparação com o fertilizante mineral, que pode ser inacessível ou não estar disponível em alguns locais

A utilização de estrume como fertilizante não deve ser considerada como uma ameaça potencial à poluição da água, mas sim como um meio de a reduzir. Quando utilizada corretamente, a reciclagem do estrume animal reduz a necessidade de fertilizantes minerais. Nos países em que a taxa de reciclagem e a contribuição relativa do estrume para a aplicação total de azoto são baixas, há obviamente necessidade de uma melhor gestão do estrume.

A utilização de estrume como fonte de fertilizante orgânico apresenta outras vantagens no que respeita à poluição da água por nutrientes. Uma vez que uma grande parte do N contido no estrume está presente na forma orgânica, só gradualmente fica disponível para as culturas. Além disso, a matéria orgânica contida no estrume melhora a estrutura do solo e aumenta a retenção de água e a capacidade de troca catiónica (de Wit *et al.*, 1997). No entanto, o azoto orgânico é também mineralizado em alturas em que as culturas absorvem pouco azoto. Nessas alturas, o N libertado é mais vulnerável à lixiviação. Na Europa, uma grande parte da contaminação da água por nitratos resulta da mineralização do azoto orgânico no outono e na primavera.

Quando a principal função pretendida com a aplicação de estrume é a de fertilizante orgânico rentável, a sua utilização tem-se baseado tradicionalmente na absorção de N e não de P pelas culturas. No entanto, uma vez que as taxas de absorção de N e P pelas culturas são diferentes do rácio N/P nos excrementos dos animais, esta situação tem frequentemente resultado num aumento do nível de P nos solos tratados com estrume ao longo do tempo. Como o solo não é um sumidouro infinito de P, esta situação resultou num processo crescente de lixiviação de P (Miller, 2001). Além disso, quando o estrume é utilizado como condicionador do solo, a dose de P aplicada na terra excede frequentemente as necessidades agronómicas e os níveis de P acumulam-se nos solos (Bellows, 2001; Gerber e Menzi, 2005).

Quando a principal função da aplicação de estrume é uma prática rentável de gestão de resíduos, os agricultores tendem a aplicar estrume a taxas excessivas em termos de intensidade e frequência, podendo também ser inoportunas e exceder as necessidades da vegetação. A aplicação excessiva é principalmente motivada pelos elevados custos de transporte e de mão de obra, que frequentemente limitam a utilização de estrume como fertilizante orgânico à vizinhança direta dos sistemas de produção animal industrializados. Em consequência, o estrume é aplicado em excesso, levando à acumulação no solo e à contaminação da água por escoamento ou lixiviação.

A acumulação de nutrientes nos solos é registada em todo o mundo. Por exemplo, uma vez que nos Estados Unidos e na Europa apenas 30 por cento do P introduzido nos fertilizantes é absorvido pelos produtos agrícolas, estima-se que existe uma taxa média de acumulação de 22 kg de P/ha/ano (Carpenter *et al.*, 1998). O impacto da intensificação da atividade pecuária no balanço de nutrientes foi analisado na Ásia por Gerber et al. (2005)

As perdas de P para os cursos de água são normalmente estimadas entre 3 e 20 por cento do P aplicado (Carpenter et al., 1998; Hooda et al., 1998). As perdas de N no escoamento superficial são normalmente inferiores a 5 por cento da taxa aplicada no caso dos fertilizantes (ver Quadro 4.12). No entanto, este valor não reflecte o verdadeiro nível de contaminação, uma vez que não inclui a infiltração e a lixiviação. De facto, a exportação global de N dos ecossistemas agrícolas para a água, como percentagem da entrada de fertilizantes, varia entre 10% e 40% nos solos argilosos e argilosos e 25% e 80% nos solos arenosos (Carpenter et al., 1998). Estas estimativas são consistentes com os números fornecidos por Galloway et al. (2004), que estimam que 25% do N aplicado escapa para contaminar os recursos hídricos. As perdas de nutrientes das terras adubadas e os seus potenciais impactos ambientais são significativos. Com base nos valores acima referidos, podemos estimar que, todos os anos, 8,3 milhões de toneladas de N e 1,5 milhões de toneladas de P provenientes de estrume acabam por contaminar os recursos de água doce. O maior contribuinte é a Ásia, com 2 milhões de toneladas de N e 0,7 milhões de toneladas de P (24% e 47%, respetivamente, das perdas globais provenientes de terras adubadas).

O estrume animal também pode contribuir significativamente para as cargas de metais pesados nos campos de cultivo. Em Inglaterra e no País de Gales, Nicholson *et aZ.* (2003) estimaram que aproximadamente 1 900 toneladas de

zinco (Zn) e 650 toneladas de cobre (Cu) foram aplicadas em terras agrícolas sob a forma de estrume de animais vivos em 2000, representando 38% da entrada anual de Zn (ver Quadro 4.13). Em Inglaterra e no País de Gales, o estrume de bovinos é o maior contribuinte para a deposição de metais pesados através do estrume, principalmente devido às grandes quantidades produzidas e não aos elevados teores de metais (Nicholson et aZ., 2003). Na Suíça, o estrume é responsável por cerca de dois terços da carga de Cu e Zn nos fertilizantes e por cerca de 20% da carga de Cd e Pb (Menzi e Kessler, 1998).

Há uma consciência crescente de que o conteúdo de metais pesados no solo está a aumentar em muitos locais e que os níveis críticos podem ser atingidos num futuro previsível (Menzi e Kessler, 1998; Miller, 2001; SchultheiB e aZ., 2003). Nas pastagens, o gado é uma fonte adicional de entrada de P e N no solo sob a forma de urina e estrume. Os animais geralmente não pastam uniformemente numa paisagem. Os impactos dos nutrientes concentram-se mais onde os animais se reúnem e variam consoante os comportamentos de pastoreio, abeberamento, deslocação e repouso. Quando não são absorvidos pelas plantas ou volatilizados para a atmosfera, estes nutrientes podem contaminar os recursos hídricos. A capacidade das plantas para mobilizar nutrientes é, na maior parte das vezes, ultrapassada pela elevada taxa de aplicação local instantânea de nutrientes. De facto, em sistemas melhorados de pastoreio de gado, a excreção diária de urina por micção de uma vaca em pastoreio é da ordem dos 2 litros aplicados numa área de cerca de 0,4 m^2 . Isto representa uma aplicação instantânea de 400-1 200 kg N por hectare, que excede a capacidade anual de mobilização da erva de 400 kg N ha^{-1} em climas temperados. Estes padrões conduzem frequentemente a uma redistribuição dos nutrientes na paisagem, gerando fontes pontuais de poluição locais. Além disso, esta elevada aplicação instantânea de nutrientes pode queimar a vegetação (elevada toxicidade das raízes das plantas), prejudicando o processo de reciclagem natural durante meses (Milchunas e Lauenroth; Whitmore, 2000; Hooda *et al.,* 2000).

A nível global, 30,4 milhões de toneladas de N e 12 milhões de toneladas de P são depositados anualmente pelo gado em sistemas de pastagem. A deposição direta de estrume nas pastagens é extremamente importante na América Central e do Sul, que representam 33% da deposição direta global de N e P. No entanto, este valor está muito subestimado, uma vez que apenas inclui sistemas de pastagem pura. Os sistemas mistos também contribuem para a deposição direta de N e P nos campos de pastagem. Este facto vem juntar-se aos fertilizantes orgânicos ou minerais aplicados nos prados e constitui uma ameaça adicional para a qualidade da água.

Nas pastagens, os efeitos da intensidade do pastoreio nas águas superficiais são variados. Uma intensidade de pastoreio moderada não aumenta normalmente as perdas de P e N no escoamento superficial da pastagem e, por conseguinte, não afecta significativamente os recursos hídricos (Mosley et *al.,* 1997). No entanto, as actividades de pastoreio intensivo aumentam geralmente as perdas de P e N no escoamento superficial das pastagens e aumentam a lixiviação de N para os recursos hídricos subterrâneos (Schepers, Hackes e Francis, 1982; Nelson, Cotsaris e Oades, 1996; Scrimgeour e Kendall, 2002; Hooda *et al.,* 2000).

Resíduos da transformação de animais

Os matadouros, as instalações de transformação de carne, as fábricas de lacticínios e os curtumes têm um elevado potencial poluente a nível local. Os dois mecanismos poluentes que suscitam preocupação são a descarga direta de águas residuais em cursos de água doce e o escoamento superficial com origem nas zonas de transformação. As águas residuais contêm normalmente níveis elevados de carbono orgânico total (COT), o que resulta numa elevada carência biológica de oxigénio (CBO), que leva a uma redução dos níveis de oxigénio na água e à supressão de muitas espécies aquáticas. Os compostos poluentes incluem também N, P e produtos químicos provenientes das fábricas de curtumes, incluindo compostos tóxicos como o crómio (de Haan, Stein-feld e Blackburn, 1997).

Matadouros

Elevado potencial de poluição local

Nos países em desenvolvimento, a falta de sistemas de refrigeração leva frequentemente à localização de matadouros em zonas residenciais para permitir a entrega de carne fresca. Existe uma grande variedade de locais de abate e de níveis de tecnologia. Em princípio, a transformação industrial em grande escala facilita uma maior utilização de subprodutos como o sangue e facilita a implementação de sistemas de tratamento de águas residuais e a aplicação de regulamentos ambientais (Schiere e van der Hoek, 2000; LEAD, 1999). Contudo, na prática, os matadouros de grande dimensão importam frequentemente a sua tecnologia de países desenvolvidos sem as correspondentes instalações de transformação e tratamento de resíduos. Quando não existem sistemas adequados de gestão de águas residuais, os matadouros locais podem representar uma grande ameaça para a qualidade da água a nível local.

As descargas diretas de águas residuais provenientes de matadouros são frequentemente registadas nos países em desenvolvimento. As águas residuais dos matadouros estão contaminadas com compostos orgânicos, incluindo sangue, gordura, conteúdo do rúmen e resíduos sólidos, como intestinos, pêlos e chifres (Schiere e van der Hoek, 2000). Normalmente, são produzidos 100 kg de estrume e 6 kg de gordura como resíduos por tonelada de produto. O principal poluente a ter em conta é o sangue, que tem uma CBO elevada (150 000 a 200 000 mg/litro). As caraterísticas poluentes por tonelada de peso vivo abatido são apresentadas no Quadro 4.14 e são relativamente semelhantes entre os matadouros de carne vermelha e de aves de capoeira (de Haan, Steinfeld e Blackburn, 1997).

Tendo em conta os valores-alvo europeus para a descarga de resíduos urbanos (por exemplo, 25 mg de CBO, 1 015 mg de N e 12 mg de P por litro), as águas residuais dos matadouros têm um elevado potencial de poluição da água, mesmo quando descarregadas a níveis baixos. De facto, se forem

descarregadas diretamente num curso de água, as águas residuais provenientes da transformação de

uma tonelada de carne de animais mortos contêm 5 kg de CBO, que teriam de ser diluídos em 200 000

litros de água para cumprirem as normas da UE (de Haan, Steinfeld e Blackburn, 1997).

Curtumes
Fonte de uma vasta gama de poluentes orgânicos e químicos

O processo de curtimento é uma fonte potencial de poluição local elevada, uma vez que as operações de

curtimento podem produzir efluentes contaminados com compostos orgânicos e químicos. As cargas

individuais descarregadas nos efluentes de cada operação de processamento estão resumidas no Quadro

4.15. As actividades de pré-curtimento (incluindo a limpeza e o acondicionamento de couros e peles)

produzem a maior parte da carga de efluentes. A água está contaminada com sujidade, estrume, sangue,

conservantes químicos e produtos químicos utilizados para dissolver os pêlos e a epiderme. Sais de

amónio ácidos, enzimas, fungicidas, bactericidas e solventes orgânicos são amplamente utilizados para

preparar as peles para o processo de curtimento.

Cerca de 80 a 90 por cento das fábricas de curtumes do mundo utilizam atualmente sais de crómio

(Cr III) nos seus processos de curtume. Segundo as tecnologias modernas convencionais, são utilizados

3 a 7 kg de Cr, 137 a 202 kg de Cl⁻, 4 a 9 kg de S_2 - e 52 a 100 kg de SO_4^{2-} por tonelada de couro cru. Isto

representa localmente uma elevada ameaça ambiental para os recursos hídricos se não existirem

tratamentos adaptados das águas residuais - como é frequentemente o caso nos países em

desenvolvimento. De facto, na maioria dos países em desenvolvimento, os efluentes das fábricas de

curtumes são eliminados através de esgotos, descarregados em águas de superfície interiores e/ou

irrigados (Gate information services - GTZ, 2002; de Haan, Steinfeld e Blackburn, 1997). As águas

residuais das fábricas de curtumes, com as suas elevadas concentrações de crómio e sulfuretos de

hidrogénio, afectam grandemente a qualidade da água local e os ecossistemas, incluindo os peixes e outros seres aquáticos. Os sais de Cr (III) e Cr (VI) são conhecidos como compostos cancerígenos (sendo o último muito mais tóxico). De acordo com a OMS

Segundo as normas internacionais, a concentração máxima permitida de crómio para a água potável é de 5 mg/l. Em áreas de elevada atividade de curtumes, o nível de crómio nos recursos de água doce pode exceder largamente este nível. Quando as águas residuais de curtumes minerais são aplicadas em terrenos agrícolas, a produtividade do solo pode ser afetada negativamente e os compostos químicos utilizados durante o processo de curtume podem lixiviar e contaminar os recursos hídricos subterrâneos (Gate information services GTZ, 2002; de Haan, Steinfeld e Blackburn, 1997; Schiere e van der Hoek, 2000).

As estruturas de curtume tradicionais (os restantes 10 a 20 por cento) utilizam cascas e frutos secos de curtume vegetal durante todo o processo de curtume. Mesmo que os taninos vegetais sejam biodegradáveis, continuam a representar uma ameaça para a qualidade da água quando utilizados em grandes quantidades. A matéria orgânica em suspensão (incluindo pêlos, carne e resíduos de sangue) proveniente das peles tratadas e dos curtumes vegetais pode tornar a água turva e constitui uma séria ameaça à qualidade da água.

As tecnologias avançadas podem reduzir consideravelmente as cargas poluentes, especialmente de crómio, enxofre e azoto amoniacal,

CAPÍTULO 14: IMPACTOS DA UTILIZAÇÃO DO SOLO PELOS ANIMAIS NO CICLO DA ÁGUA

O sector da pecuária não só contribui para a utilização e a poluição dos recursos de água doce, como também tem um impacto direto no processo de reabastecimento de água. A utilização do solo pela pecuária afecta o ciclo da água, influenciando a infiltração e a retenção da água. Este impacto depende do tipo de uso do solo e, por conseguinte, varia com as alterações do uso do solo.

O pastoreio extensivo altera os fluxos de água

Globalmente, 69,5% das pastagens (5,2 biliões de hectares) em terras secas são consideradas degradadas. A degradação das pastagens é amplamente registada na Europa Central e Meridional, na Ásia Central, na África Subsariana, na América do Sul, nos Estados Unidos e na Austrália (ver Capítulo 2). Estima-se que metade dos 9 milhões de hectares de pastagens da América Central estejam degradados, enquanto mais de 70% das pastagens da zona atlântica norte da Costa Rica se encontram numa fase avançada de degradação. A degradação das terras pelo gado tem um impacto na reposição dos recursos hídricos. O sobrepastoreio e o pisoteio do solo podem comprometer gravemente as funções do ciclo da água dos prados e das zonas ribeirinhas, afectando a infiltração e a retenção da água e a morfologia dos cursos de água.

As terras altas, enquanto cabeceiras dos principais sistemas de drenagem que se estendem até às terras baixas e zonas ribeirinhas,[8] constituem a maior parte das bacias hidrográficas e desempenham um papel fundamental na quantidade e distribuição da água. Numa bacia hidrográfica que funcione corretamente, a maior parte da precipitação é absorvida pelo solo nas terras altas, sendo depois redistribuída por toda a bacia hidrográfica através do movimento subterrâneo e do escoamento superficial controlado. Quaisquer actividades que afectem a hidrologia das terras altas têm, portanto, impactos significativos nos recursos hídricos das terras baixas e das zonas ribeirinhas (Mwendera e

Saleem, 1997; British Columbia Ministry of Forests, 1997; Grazing and Pasture Technology Program, 1997).

Os ecossistemas ribeirinhos aumentam o armazenamento de água e a recarga de águas subterrâneas. Os solos das zonas ribeirinhas são diferentes dos das zonas de montanha, pois são ricos em nutrientes e matéria orgânica, o que permite que o solo retenha grandes quantidades de humidade. A presença de vegetação abranda a chuva e permite que a água penetre no solo, facilitando a infiltração e a percolação e recarregando as águas subterrâneas. A água desce pelo subsolo e infiltra-se no canal ao longo do ano, ajudando a transformar o que, de outra forma, seriam cursos de água intermitentes em fluxos perenes e aumentando a disponibilidade de água durante a estação seca (Schultz, Isenhart e Colletti, 1994; Patten *et al.*, 1995; English, Wilson e Pinker-ton,1999; Belsky, Matzke e Uselman, 1999). A vegetação filtra os sedimentos, acumula e reforça a estabilidade das margens dos cursos de água. Também reduz a sedimentação dos cursos de água e reservatórios, aumentando assim a disponibilidade de água (McKergow et al., 2003).

A infiltração separa a água em duas componentes hidrológicas principais: o escoamento superficial e a recarga sub-superficial. O processo de infiltração influencia a origem, o momento, o volume e a taxa de pico do escoamento superficial. Quando a precipitação é capaz de penetrar na superfície do solo a taxas adequadas, o solo fica protegido contra a erosão acelerada e a fertilidade do solo pode ser mantida. Quando não consegue infiltrar-se, escorre como fluxo superficial. O escoamento superficial pode descer a encosta para ser infiltrado noutra parte da encosta, ou pode continuar e entrar num canal de um ribeiro. Qualquer mecanismo que afecte o processo de infiltração nas terras altas tem, portanto, consequências muito para além da área local (Bureau of Land Management, 2005; Pidwirny M., 1999; Diamond e Shanley, 1998; Ward, 2004; Tate, 1995; Harris eiaZ., 2005).

O impacto direto do gado no processo de infiltração varia, dependendo da intensidade, frequência e duração do pastoreio. Nos ecossistemas de pastagem, a capacidade de infiltração é influenciada principalmente pela estrutura do solo e pela densidade e composição da vegetação. Quando a cobertura vegetal diminui, o teor de matéria orgânica do solo e a estabilidade agregada do solo diminuem, reduzindo a capacidade de infiltração do solo. A vegetação influencia ainda mais o processo de infiltração ao proteger o solo das gotas de chuva, enquanto as suas raízes melhoram a estabilidade e a porosidade do solo. Quando as camadas do solo são compactadas pelo pisoteio, a porosidade é reduzida e o nível de infiltração diminui drasticamente. Assim, quando não são adequadamente geridas, as actividades de pastoreio modificam as propriedades físicas e hidráulicas dos solos e dos ecossistemas, resultando num aumento do escoamento superficial, aumento da erosão, aumento da frequência dos picos de escoamento, aumento da velocidade da água, redução do escoamento no final da estação e redução dos lençóis freáticos (Belsky, Matzke e Uselman, 1999; Mwendera e Saleem, 1997).

Geralmente, a intensidade do pastoreio é reconhecida como o fator mais crítico. O pastoreio moderado ou ligeiro reduz a capacidade de infiltração para cerca de três quartos do estado não pastoreado, enquanto o pastoreio intenso reduz a capacidade de infiltração para cerca de metade (Gifford e Hawkins, 1978 citados por Trimble e Mendel, 1995). De facto, o pastoreio influencia a composição e a produtividade da vegetação. Sob forte pressão de pastoreio, as plantas podem não ser capazes de compensar suficientemente a fitomassa removida pelos animais em pastoreio. Com a diminuição do teor de matéria orgânica do solo, da fertilidade do solo e da estabilidade dos agregados do solo, o nível de infiltração natural é afetado (Douglas e Crawford, 1998; Engels, 2001). A pressão do pastoreio aumenta a quantidade de vegetação menos desejável (arbustos, árvores infestantes) que pode extrair água do perfil mais profundo do solo. A alteração da composição das espécies vegetais pode não ser tão eficaz na interceção das gotas de chuva e no retardamento do escoamento superficial (Trimble e Mendel, 1995; Tadesse e Peden, 2003; Integrated Resource Management, 2004; Redmon, 1999; Harper, George e Tate, 1996). O período de pastoreio também é importante, pois quando os solos estão húmidos podem ser mais facilmente compactados e as margens dos cursos de água podem ser facilmente desestabilizadas e destruídas.

Os animais que pastam são também importantes agentes de alteração geomorfológica, uma vez que os seus cascos remodelam fisicamente o terreno. No caso dos bovinos, a força é normalmente calculada como a massa da vaca (500 kg aprox.) dividida pela área basal do casco (10 cm²). No entanto, esta abordagem pode conduzir a subestimações, uma vez que os animais em movimento podem ter uma ou mais patas fora do chão e a massa está frequentemente concentrada na pata traseira mais baixa. Em locais pontuais, os bovinos, ovinos e caprinos podem facilmente exercer tanta pressão descendente sobre o solo como um trator (Trimble e Mendel, 1995; Sharrow, 2003).

A formação de camadas compactadas no solo diminui a infiltração e causa a saturação do solo (Engels, 2001). A compactação ocorre particularmente em áreas onde os animais se concentram, como pontos de água, portões ou caminhos. Os trilhos podem tornar-se condutas para o escoamento superficial e podem gerar novos cursos de água transitórios (Clark Conservation District, 2004; Belsky, Matzke e Uselman, 1999). O aumento do escoamento superficial das terras altas resulta num pico de caudal mais elevado e numa maior velocidade da água. A intensificação da força erosiva resultante aumenta o nível de sedimentos em suspensão e aprofunda o canal. À medida que o leito do canal é rebaixado, a água drena da planície de inundação para o canal, baixando o nível freático localmente. A velocidade excessiva da água pode afetar grandemente o ciclo biogeoquímico e as funções naturais do ecossistema em termos de sedimentos, nutrientes e contaminantes biológicos (Rutherford e Nguyen, 2004; Wilcock *et al.*, 2004; Harvey, Conklin e Koelsch, 2003, Belsky, Matzke e Uselman, 1999; Nagle e Clifton, 2003).

Em ecossistemas frágeis, como as zonas ribeirinhas, estes impactos podem ser dramáticos. O gado evita ambientes quentes e secos e prefere as zonas ribeirinhas devido à disponibilidade de água, sombra, cobertura vegetal e à qualidade e variedade de forragens verdejantes e exuberantes. Um estudo realizado nos Estados Unidos (Oregon) mostrou que as zonas ribeirinhas representam apenas 1,9% da superfície de pastagem, mas produzem 21% da forragem disponível e contribuem com 81% da forragem consumida pelo gado (Mosley et al., 1997; Patten et al., 1995; Belsky et al., 1999; Nagle e Clifton, 2003). O gado, por conseguinte, tende a sobrepastorear estas áreas e a desestabilizar mecanicamente as margens dos cursos de água, reduzindo a disponibilidade de água a nível local.

Assim, assiste-se a toda uma cadeia de alterações no ambiente ribeirinho (ver Figura 4.2): as alterações hidrológicas ribeirinhas - tais como a descida dos lençóis freáticos, a redução das frequências de escoamento sobre as margens e a secagem da zona ribeirinha - são frequentemente seguidas de alterações na vegetação e nas actividades microbiológicas (Micheli e Kirchner, 2002). Um lençol freático mais baixo resulta numa margem mais alta do curso de água. Como consequência, as raízes das plantas ribeirinhas ficam suspensas em solos mais secos e a vegetação muda para espécies xéricas, que não têm a mesma capacidade de proteger as margens e a qualidade da água do ribeiro (Florinsky *et al.*, 2004). À medida que a gravidade provoca o colapso das margens, o canal começa a encher-se de sedimentos. Um novo canal de baixo caudal começa a formar-se a uma cota mais baixa. A antiga planície de inundação torna-se um terraço seco, diminuindo assim a disponibilidade de água em toda a área (ver Figura 4.2) (Melvin, 1995; National Public Lands Grazing Campaign, 2004; Micheli e Kirchner, 2002; Belsky et al., 1999; Bull, 1997; Melvin et al., 2004; English, Wilson e Pinkerton,1999; Waters, 1995).

No que se refere ao impacto potencial do pastoreio no ciclo da água, será necessário prestar especial atenção às regiões e países que desenvolveram sistemas de produção animal extensiva, como a Europa Central e Meridional, a Ásia Central, a África Subsariana, a América do Sul, os Estados Unidos e a Austrália.

Conversão do uso do solo

Tal como apresentado no Capítulo 2, o sector pecuário é um importante agente de conversão de terras. Grandes áreas de pastagens originais foram convertidas em terras que produzem culturas forrageiras. Do mesmo modo, a conversão de florestas em terras agrícolas foi maciça ao longo dos últimos séculos e continua a ocorrer a um ritmo acelerado na América do Sul e na África Central.

Uma mudança de uso do solo conduz frequentemente a alterações no balanço hídrico das bacias hidrográficas, afectando o caudal do rio^ a frequência e o nível dos caudais de ponta e o nível de recarga das águas subterrâneas. Os factores que desempenham um papel fundamental na determinação das alterações hidrológicas que ocorrem após a alteração da utilização do solo e/ou da vegetação incluem: o clima (sobretudo a precipitação); a gestão da vegetação; a infiltração superficial; as taxas de evapotranspiração da nova vegetação e as propriedades da bacia hidrográfica (Brown *et al.*, 2005).

As florestas desempenham um papel importante na gestão do ciclo natural da água. A copa das árvores suaviza a queda das gotas de chuva, a folhagem melhora a capacidade de infiltração do solo e aumenta a recarga das águas subterrâneas. Além disso, as florestas e, em especial, as florestas tropicais, têm uma procura líquida de caudal que ajuda a moderar os picos de caudal das tempestades ao longo do ano (Quinlan Consulting, 2005; Ward e Robinson, 2000 in Quinlan Consulting, 2005). Consequentemente, quando a biomassa florestal é removida, a produção anual total de água aumenta de forma correspondente.

Enquanto as perturbações da superfície forem limitadas, a maior parte do aumento anual mantém-se como caudal de base. No entanto, muitas vezes - especialmente quando os prados ou as florestas são convertidos em terras de cultivo - as oportunidades de infiltração da precipitação são reduzidas, a intensidade e a frequência dos picos de caudal das tempestades aumentam, as reservas de água subterrânea não são adequadamente reabastecidas durante a estação das chuvas e há fortes declínios nos caudais da estação seca (Bruijnzeel, 2004). São registadas alterações substanciais no escoamento das bacias hidrográficas após tratamentos como a conversão de florestas em pastagens ou a florestação de bacias de captação (Siriwardena *et al.*, 2006; Brown *et al.*, 2005).

Os efeitos da alteração da composição da vegetação na produção sazonal de água dependem muito das condições locais. Brown et al. (2005) resumem a resposta sazonal esperada na produção de água dependendo dos tipos de clima (ver Quadro 4.21). Em bacias hidrográficas tropicais, dois tipos Observam-se dois tipos de resposta: uma alteração proporcional uniforme ao longo do ano ou uma maior alteração sazonal durante a estação seca. Nas zonas de precipitação dominante no inverno, verifica-se uma redução acentuada dos caudais de verão em relação aos caudais de inverno. Isto deve-se principalmente ao facto de a precipitação e a evapo-transpiração estarem desfasadas: a maior procura de água pela vegetação ocorre no verão, quando a disponibilidade de água é baixa (Brown et al., 2005).

O caso da bacia do rio Mississippi ilustra perfeitamente como a conversão do uso do solo relacionada com a produção pecuária afecta a disponibilidade sazonal de água ao nível da bacia. Na bacia do Mississippi, as plantas endógenas de estação fria saem da dormência na primavera, após o degelo do solo, entram em dormência no calor do verão e voltam a estar activas no outono, se não forem colhidas. Em contrapartida, as culturas exógenas de estação quente, como o milho e a soja (utilizadas principalmente como alimento para animais), têm um período de crescimento que se estende por meados do ano. Para estas últimas, o pico da procura de água é atingido em meados do verão.

A alteração da vegetação na bacia do rio Mississippi levou a uma discrepância entre os picos de precipitação que ocorrem na primavera e no início do verão e as necessidades sazonais de água das culturas anuais que atingem o pico no verão. Esta inadequação sazonal gerada pelo homem entre a oferta e a procura de água pela vegetação influenciou grandemente o caudal de base ao longo do ano nesta região (Zhang e Schilling, 2005).

Resumo do impacto do gado na água

Globalmente, somando os impactos de todos os diferentes segmentos da cadeia de produção, o sector da pecuária tem um enorme impacto na utilização da água, na qualidade da água, na hidrologia e nos ecossistemas aquáticos.

A água utilizada pelo sector excede 8 por cento do consumo humano global de água. A maior parte é água utilizada para a produção de alimentos para animais, representando 7% da utilização global de água. Embora possa ser de importância local, por exemplo no Botsuana ou na Índia, a água utilizada para transformar produtos, para beber e para serviços continua a ser insignificante a nível global (menos de 0,1% da utilização global de água e menos de 12,5% da água utilizada pelo sector pecuário)

A avaliação do papel do sector pecuário no esgotamento da água é um processo muito mais complexo. O volume de água esgotado só é avaliável no que respeita à água evapotranspirada pelas culturas forrageiras durante a produção de alimentos para animais. Isto representa uma parte significativa de 15% da água esgotada todos os anos.

O volume de água empobrecida pela poluição não é quantificável, mas a forte

A contribuição do sector pecuário para o processo de poluição tornou-se clara a partir da análise a nível nacional. Nos Estados Unidos, os sedimentos e os nutrientes são considerados os principais agentes poluidores da água. O sector pecuário é responsável por cerca de 55% da erosão e por 32% e 33%, respetivamente, da carga de N e P nos recursos de água doce. O sector da pecuária também contribui fortemente para a poluição da água por pesticidas (37% dos pesticidas aplicados nos Estados Unidos), antibióticos (50% do volume de antibióticos consumidos nos Estados Unidos) e metais pesados (37% do

Zn aplicado em terras agrícolas em Inglaterra e no País de Gales).

A utilização e a gestão das terras para a criação de gado parecem ser o principal mecanismo através do qual o gado contribui para o processo de esgotamento da água. A produção de alimentos para animais e forragens, a aplicação de estrume nas culturas e a ocupação de terras por sistemas extensivos contam-se entre os principais factores de cargas insustentáveis de nutrientes, pesticidas e sedimentos nos recursos hídricos em todo o mundo. O processo de poluição é frequentemente difuso e gradual e os impactos resultantes nos ecossistemas não são muitas vezes perceptíveis até se tornarem graves. Além disso, por ser tão difuso, o processo de poluição é muitas vezes extremamente difícil de controlar, especialmente quando ocorre em zonas de pobreza generalizada.

A poluição resultante da produção industrial de animais vivos (que consiste principalmente em cargas elevadas de nutrientes, aumento da CBO e contaminação biológica) é mais aguda e mais percetível do que a de outros sistemas de produção animal, especialmente quando ocorre perto de áreas urbanas. Uma vez que tem um impacto direto no bem-estar humano e é mais fácil de controlar, a atenuação do impacto da produção pecuária industrial recebe geralmente mais atenção por parte dos decisores políticos.

Transferências nacionais e internacionais de água virtual e custos ambientais

A produção pecuária tem impactos regionais diversos e complexos na utilização e esgotamento da água. Estes impactos podem ser avaliados através do conceito de "água virtual", definido como o volume de água necessário para produzir um determinado produto ou serviço (Allan, 2001). Por exemplo, são necessários, em média, 990 litros de água para produzir um litro de leite (Chapagain e Hoekstra, 2004). A "água virtual" não é, evidentemente, o mesmo que o teor real de água do produto: apenas uma proporção muito pequena da água virtual utilizada é efetivamente incorporada no produto (por exemplo, 1 em 990 litros no exemplo do leite). A água virtual utilizada em vários segmentos da cadeia de produção pode ser atribuída a regiões específicas. A água virtual para a produção de alimentos para animais, destinada à produção pecuária intensiva, pode ser utilizada numa região ou país diferente da água utilizada diretamente na produção animal.

As diferenças na água virtual utilizada nos diferentes segmentos da produção animal podem estar relacionadas com diferenças na disponibilidade efectiva de água. Isto ajuda, em parte, a explicar as tendências recentes no sector da pecuária (Naylor *et al.*, 2005; Costales, Gerber e Steinfeld, 2006), em que se tem verificado uma maior segmentação espacial a várias escalas da cadeia alimentar animal, especialmente a separação entre a produção animal e a produção de alimentos para animais. Esta última é já claramente discernível a nível nacional e subnacional quando o mapa das principais zonas de produção de alimentos para animais a nível mundial (mapas 5, 6, 7 e 8, anexo 1) é comparado com a distribuição das populações de animais monogástricos (mapas 16 e 17, anexo 1). Ao mesmo tempo, o comércio internacional dos produtos animais finais registou um forte aumento. Ambas as alterações conduzem a um aumento dos transportes e a uma conetividade global fortemente reforçada.

Estas alterações podem ser consideradas à luz da distribuição global desigual dos recursos hídricos. Nas regiões em desenvolvimento, os recursos hídricos renováveis variam entre 18% da precipitação e dos caudais de entrada nas zonas mais áridas (Ásia Ocidental/Norte de África), onde a precipitação é de apenas 180 mm por ano, e cerca de 50% na húmida Ásia Oriental, que tem uma precipitação elevada de cerca de 1 250 mm por ano. Os recursos hídricos renováveis são mais abundantes na América Latina. As estimativas a nível nacional escondem variações muito grandes a nível subnacional - onde os impactos ambientais ocorrem efetivamente. A China, por exemplo, enfrenta uma grave escassez de água no norte, enquanto o sul ainda dispõe de recursos hídricos abundantes. Mesmo um país com abundância de água, como o Brasil, enfrenta escassez em algumas áreas. A especialização regional e o aumento do comércio podem ser benéficos para a disponibilidade de água num local, enquanto noutro podem ser prejudiciais.

A transferência espacial de produtos de base (em vez de água) constitui, teoricamente, uma solução parcial para a escassez de água, ao aliviar a pressão sobre os recursos hídricos escassamente disponíveis no recetor. A importância de tais fluxos foi avaliada pela primeira vez no caso do

O Médio Oriente, ou seja, a região mais carente de água do mundo, com pouca água doce e pouca água no solo (Allen, 2003). O sector da pecuária alivia claramente esta escassez de água, através do elevado teor de água virtual dos fluxos crescentes de importação de produtos animais (Chapagain e Hoekstra, 2004; Molden e de Fraiture, 2004). Outra estratégia para poupar água local utilizando "água virtual" de outros locais consiste em importar alimentos para a produção animal doméstica, como no caso do Egito, que importa quantidades crescentes de milho para alimentação animal (Wichelns, 2003). No futuro, estes fluxos virtuais podem aumentar significativamente o impacto do sector pecuário nos recursos hídricos. Isto deve-se ao facto de uma grande parte da procura crescente de produtos animais ser satisfeita pela produção intensiva de monogástricos, que depende fortemente da utilização de alimentos para animais que custam água.

No entanto, os fluxos globais de água virtual também têm um lado negativo em termos ambientais. Podem mesmo conduzir a um dumping ambiental prejudicial se as externalidades ambientais não forem internalizadas pelo produtor distante: em regiões com escassez de água, como o Médio Oriente, a disponibilidade de água virtual proveniente de outras regiões abrandou provavelmente o ritmo das reformas que poderiam melhorar a eficiência hídrica local.

Os impactos ambientais estão a tornar-se menos visíveis para o leque cada vez maior de partes interessadas que partilham a responsabilidade por eles. Ao mesmo tempo, há uma dificuldade crescente em identificar as partes interessadas, o que complica a resolução de questões ambientais individuais.

Por exemplo, Galloway *et aZ.* (2006) demonstram que o cultivo de alimentos para animais noutros países representa mais de 90 por cento da água utilizada para a produção de produtos animais consumidos no Japão (3,3 кт3 num total de 3,6 km3). A reconstituição destes fluxos mostra que eles provêm principalmente de regiões de cultivo de alimentos para animais não particularmente abundantes em água, em países como a Austrália, a China, o México e os Estados Unidos. Seguindo uma abordagem semelhante para o azoto, os autores mostram que os consumidores japoneses de carne podem também ser responsáveis pela poluição da água em países distantes.

Opções de atenuação

Existem opções múltiplas e eficazes de atenuação no sector pecuário que permitiriam inverter as actuais tendências de esgotamento dos recursos hídricos e afastar-se do cenário "business as usual" descrito por Rosegrant, Cai e Cline (2002) de um aumento constante das captações de água e de um stress e escassez crescentes.

As opções de mitigação assentam geralmente em três princípios principais: redução da utilização da água, redução do processo de esgotamento e melhoria da reposição dos recursos hídricos. Analisá-los-emos no resto do presente capítulo em relação a várias opções técnicas. O ambiente político propício para apoiar a implementação efectiva destas opções será desenvolvido no Capítulo 6.

Melhoria da eficiência na utilização da água

Como demonstrado, a utilização da água é fortemente dominada pelo sector pecuário mais intensivo, através da produção de culturas forrageiras, principalmente cereais grosseiros e culturas oleaginosas ricas em proteínas. As opções neste domínio são semelhantes às propostas pela literatura mais genérica sobre água e agricultura. No entanto, dada a grande e crescente quota-parte das culturas forrageiras no consumo global de água
especialmente aqueles que já estão a sofrer de stress hídrico com custos de oportunidade substanciais,

merecem ser reiterados.

As duas principais áreas que podem ser melhoradas são a eficiência da irrigação[10] e a produtividade da água.

Melhorar a eficiência da irrigação

Com base na análise de 93 países em desenvolvimento, a FAO (2003a) calculou que, em média, a eficiência da irrigação era de cerca de 38% em 1997/99, variando entre 25% em zonas de recursos hídricos abundantes (América Latina) e 40% na região da Ásia Ocidental/Norte de África e 44% no Sul da Ásia, onde a escassez de água exige eficiências mais elevadas.

Em muitas bacias, grande parte da água que se pensa ser desperdiçada vai para a recarga de águas subterrâneas ou volta para o sistema fluvial, de modo a poder ser utilizada através de poços, por pessoas e ecossistemas a jusante. No entanto, mesmo nestas situações, a melhoria da eficiência da irrigação pode proporcionar outros benefícios ambientais. Em alguns casos, pode poupar água - por exemplo, se a drenagem da irrigação estiver a fluir para aquíferos salinos onde não pode ser reutilizada. Pode ajudar a evitar que os agroquímicos poluam os rios e as águas subterrâneas; e pode reduzir o encharcamento e a salinização. Muitas das acções associadas à melhoria da eficiência da irrigação podem ter outras vantagens. Por exemplo:

- O revestimento dos canais permite aos gestores de irrigação um maior controlo sobre o abastecimento de água;

- a tarifação da água permite a recuperação dos custos e a responsabilização; e

- a irrigação de precisão pode aumentar os rendimentos e melhorar a produtividade da água (Molden e de

Fraiture, 2004).

Em muitas bacias, há pouco ou nenhum desperdício de água de irrigação, porque a reciclagem e a reutilização da água já estão amplamente difundidas. O Nilo, no Egito (Molden *et al.*, 1998; Keller et al., 1996), o Gediz, na Turquia (GDRS, 2000), o Chao Phraya, na Tailândia (Molle, 2003), o Bakhra, na

Índia (Molden et al., 2001) e o Imperial Valley, na Califórnia (Keller e Keller 1995), são exemplos documentados (Molden e de Fraiture, 2004).

Aumentar a produtividade da água

A melhoria da produtividade da água é fundamental para libertar água para o ambiente natural e para outros utilizadores. No seu sentido mais lato, melhorar a produtividade da água significa obter mais valor de cada gota de água - quer seja utilizada na agricultura, na indústria ou no ambiente. A melhoria da produtividade da água na agricultura de regadio ou de sequeiro refere-se geralmente ao aumento do rendimento das culturas ou do valor económico por unidade de água fornecida ou esgotada.

Mas também pode ser alargado para incluir alimentos não cultivados, como o peixe ou o gado. Há um ganho substancial de produtividade da água a ser obtido através de uma melhor integração das culturas e da pecuária em sistemas mistos, particularmente através da alimentação do gado com resíduos de culturas, que fornecem fertilizantes orgânicos em troca. O potencial deste sistema foi comprovado para a África Ocidental por Jagtap e Amissah-Arthur (1999). O princípio também poderia ser aplicado aos sistemas de produção industrializados. Enquanto se produz milho para locais de produção de monogástrópicos muitas vezes distantes, as áreas de culturas alimentares dominadas pelo milho em grande escala poderiam facilmente fornecer resíduos de milho a explorações locais de ruminantes.

Embora as explorações agrícolas que produzem alimentos para sistemas pecuários industrializados geralmente já operem a níveis relativamente elevados de produtividade da água, pode haver margem para melhorias, por exemplo: seleção de culturas e cultivares adequadas; melhores métodos de plantação (por exemplo, em canteiros elevados); mobilização mínima do solo; irrigação atempada para sincronizar a aplicação de água com os períodos de crescimento mais sensíveis; gestão de nutrientes; irrigação gota a gota e melhor drenagem para controlo do lençol freático. Em áreas secas, a irrigação deficitária - aplicação de uma quantidade limitada de água, mas num momento crítico - pode aumentar

a produtividade da escassa água de irrigação em 10 a 20% (Oweis e Hachum 2003).

Melhor gestão dos resíduos

Uma das principais questões relacionadas com a água que os sistemas de produção animal

industrializados têm de enfrentar é a gestão e eliminação dos resíduos. Já existe uma série de opções

técnicas eficazes, elaboradas principalmente nos países desenvolvidos, mas que precisam de ser mais

amplamente aplicadas e adaptadas às condições locais nos países em desenvolvimento.

A gestão dos resíduos pode ser dividida em cinco fases: produção, recolha, armazenamento,

processamento e utilização. Cada fase deve ser especificamente abordada por opções tecnológicas

adequadas, a fim de reduzir o atual impacto do sector pecuário na água.

Fase de produção: uma alimentação mais equilibrada

A fase de produção refere-se à quantidade e às caraterísticas das fezes e da urina geradas a nível da

exploração. Estas variam consideravelmente consoante a composição da dieta, as práticas de gestão dos

alimentos, as caraterísticas das espécies e as fases de crescimento dos animais.

O maneio alimentar tem melhorado continuamente nas últimas décadas e tem resultado em melhores

níveis de produção. O desafio para os produtores e nutricionistas é formular rações que continuem a

melhorar os níveis de produção, minimizando simultaneamente os impactos ambientais associados aos

excrementos. Isto pode ser conseguido através da otimização da disponibilidade de nutrientes e de um

melhor ajustamento e sincronização das entradas de nutrientes e minerais às necessidades dos animais

(por exemplo, rações equilibradas e alimentação faseada), que reduzem a quantidade de estrume

excretado por unidade de alimento e por unidade de produto. Também é possível obter um melhor rácio

de conversão alimentar através do melhoramento genético dos animais (Sutton *et al.,* 2001; FAO, 1999c;

LPES, 2005) As estratégias alimentares para melhorar a eficiência alimentar assentam em quatro princípios principais:

- satisfazer as necessidades de nutrientes sem as exceder;

- selecionar ingredientes de alimentos para animais com nutrientes facilmente absorvíveis;

- suplementação de dietas com aditivos/enzimas/vitaminas que melhoram a disponibilidade

e garantir um fornecimento ótimo de aminoácidos a um nível reduzido de proteína bruta e de retenção; e

- reduzir o stress (LPES, 2005).

Ajustar as dietas às necessidades efectivas tem um impacto significativo na excreção fecal de nutrientes localmente, especialmente quando estão envolvidas grandes unidades de produção animal. Por exemplo, o nível de P na dieta do gado em sistemas industrializados, geralmente, excede o nível requerido em 25 a 40 por cento. A prática comum de suplementar as dietas dos bovinos com P é, portanto, na maioria dos casos, desnecessária. Uma dieta adaptada com um teor adequado de P é, por conseguinte, a forma mais simples de reduzir a quantidade de P excretada pela produção de gado e demonstrou reduzir a excreção de P na produção de carne de bovino em 40 a 50 por cento. No entanto, na prática, os produtores alimentam os bovinos com subprodutos de baixo custo que contêm geralmente níveis elevados de P. De forma idêntica, nos Estados Unidos, o teor habitual de P na alimentação das aves de capoeira de 450 mg pode ser reduzido para 250 mg por galinha por dia (recomendação do Conselho Nacional de Investigação) sem qualquer perda de produção e com uma poupança valiosa de alimentos para animais (LPES, 2005; Sutton *et al.*, 2001).

Do mesmo modo, o teor de metais pesados no estrume pode ser reduzido se for fornecido um regime alimentar adequado. Exemplos bem sucedidos provaram a eficácia desta medida. Na Suíça, o teor médio (mediano) de Cu e Zn nos estrumes de suínos diminuiu consideravelmente entre 1990 e 1995 (28% para

o Cu e 17% para o Zn), demonstrando a eficácia da limitação dos metais pesados nos alimentos para

animais aos níveis exigidos (Menzi e Kessler, 1998).

A alteração do equilíbrio dos componentes dos alimentos para animais e da origem dos nutrientes

pode

influenciam os níveis de excreção de nutrientes. No caso dos bovinos, um equilíbrio adequado na ração

entre proteínas degradáveis e não degradáveis melhora a absorção de nutrientes e demonstrou reduzir

a excreção de N em 15 a 30 por cento sem afetar os níveis de produção. No entanto, este equilíbrio está

geralmente associado a um aumento da proporção de concentrado na ração, o que, nas explorações de

pastagem, implica uma diminuição da utilização de forragens grosseiras próprias, o que resulta em

custos suplementares e num excedente do balanço de nutrientes. Do mesmo modo, níveis adequados de

complexos de hidratos de carbono, oligossacáridos e outros polissacáridos não amiláceos (NSP) na

alimentação podem influenciar a forma de N excretado. Favorecem geralmente a produção de proteínas

bacterianas que são menos nocivas para o ambiente e têm um maior potencial de reciclagem. Para os

suínos, uma menor quantidade de proteína bruta suplementada com aminoácidos sintéticos reduz a

excreção de N até 30%, dependendo da composição inicial da dieta. Do mesmo modo, nos sistemas de

produção de suínos, a qualidade dos alimentos desempenha um papel importante. A remoção da fibra e

do gérmen do milho reduz o nível de matéria seca excretada em 56% e o nível de N contido na urina e

nas fezes em 39%. A utilização de formas orgânicas de Cu, Fe, Mn e Zn nos regimes alimentares dos

suínos reduz o nível de metais pesados adicionados à ração e reduz significativamente os níveis de

excreção sem afetar o crescimento ou a eficiência alimentar (LPES,

2005; Sutton *etal.*, 2001).

A fim de melhorar a eficiência alimentar, estão a ser desenvolvidas novas fontes de alimentos para animais altamente digeríveis através de técnicas clássicas de reprodução ou de modificação genética. Os dois principais exemplos referidos são o desenvolvimento de milho com baixo teor de fitatos, que reduz a excreção de P, e de grãos de soja com baixo teor de estaquiose. A disponibilidade de P nos alimentos clássicos (milho e soja) é baixa para os suínos e as aves de capoeira, uma vez que o P está normalmente ligado a uma molécula de fitato (90% do P no milho está presente sob a forma de fitato e 75% na farinha de soja). Esta baixa disponibilidade de P deve-se ao facto de a fitase, que pode degradar a molécula de fitato e tornar o P disponível, não existir nos sistemas digestivos dos suínos e das aves de capoeira. A utilização de genótipos com baixo teor de fitato P reduz os níveis de P mineral a suplementar na dieta e reduz a excreção de P em 25 a 35 por cento (FAO, 1999c; LPES, 2005; Sutton et al., 2001).

A fitase, a xilanase e a betaglucanase (que também não são naturalmente excretadas pelos suínos) podem ser adicionadas aos alimentos para favorecer a degradação dos polissacáridos não amiláceos disponíveis nos cereais. Estes polissacáridos não amiláceos estão normalmente associados a proteínas e minerais. A ausência de tais enzimas resulta numa menor eficiência alimentar e aumenta a excreção de minerais. Foi demonstrado que a utilização de fitase melhora a digestibilidade do P na dieta dos suínos em 30 a 50 por cento. Boling et al. (2000) conseguiram uma redução de 50 por cento no teor de P fecal das galinhas poedeiras através de uma dieta pobre em P suplementada com fitase, juntamente com a manutenção de um nível ótimo de produção de ovos. Do mesmo modo, a adição de 1,25 di-hidroxi vitamina D3 à alimentação dos frangos de carne reduziu a excreção de fitato P em 35% (LPES, 2005; Sutton *et al.*, 2001).

Outras melhorias tecnológicas incluem a redução de partículas, a granulação e a expansão. Recomenda-se um tamanho de partícula de 700 microns para uma melhor digestibilidade. A peletização melhora a eficiência alimentar em 8,5 por cento. Finalmente, a melhoria da genética animal e a minimização do stress animal (criação adaptada, ventilação e medidas de saúde animal) melhoram o ganho de peso e, por conseguinte, a eficiência alimentar (FAO, 1999c; LPES, 2005).

Melhorar o processo de recolha do estrume

A fase de recolha refere-se à captura e recolha inicial do estrume no ponto de origem (ver Figura 4.3). O tipo de estrume produzido e as suas caraterísticas são grandemente afectados pelos métodos de recolha utilizados e pela quantidade de água adicionada ao estrume.

O alojamento dos animais tem de ser concebido de modo a reduzir as perdas de estrume e de nutrientes através do escoamento superficial. O tipo de superfície em que os animais são criados é um dos elementos chave que influenciam o processo de recolha. Um pavimento de ripas pode facilitar muito a recolha imediata do estrume, mas implica que todos os excrementos sejam recolhidos sob a forma líquida.

O escoamento contaminado das áreas de produção deveria ser redireccionado para instalações de armazenamento de estrume para transformação. A quantidade de água utilizada no biotério e proveniente da chuva (especialmente em zonas quentes e húmidas) que entra em contacto com o estrume deve ser reduzida ao mínimo para limitar o processo de diluição que, caso contrário, aumenta o volume de resíduos (LPES, 2005).

Melhoria da armazenagem do estrume

A fase de armazenamento refere-se ao confinamento temporário do estrume. A instalação de armazenamento de um sistema de gestão do estrume permite ao gestor controlar a programação e o calendário das funções do sistema. Por exemplo, permite a aplicação atempada no campo de acordo com as necessidades nutricionais das culturas.

A melhoria do armazenamento do estrume tem como objetivo reduzir e, em última análise, evitar a fuga de nutrientes e minerais das habitações dos animais e do armazenamento do estrume para as águas subterrâneas e superficiais (FAO, 1999c). Uma capacidade de armazenamento adequada é de importância primordial para evitar perdas através de transbordamento, especialmente durante a estação das chuvas em climas tropicais.

Melhoria da transformação do estrume

Existem opções técnicas para a transformação do estrume que podem reduzir o potencial de poluição, reduzir os excedentes locais de estrume e converter o estrume excedentário em produtos de maior valor e/ou produtos mais fáceis de transportar (incluindo biogás, fertilizantes e alimentos para gado e peixes). A maioria das tecnologias tem como objetivo concentrar os nutrientes derivados de sólidos separados, biomassa ou lamas (LPES, 2005; FAO, 1999c).

O processamento do estrume inclui diferentes tecnologias que podem ser combinadas. Estas tecnologias incluem o tratamento físico, biológico e químico e são apresentadas O transporte de camas não processadas, ou estrume, a longas distâncias é impraticável devido à
peso, o custo e as propriedades instáveis do produto. A etapa inicial do processamento do estrume consiste normalmente na separação de sólidos e líquidos. As bacias podem ser utilizadas para permitir o processo de sedimentação e facilitar a remoção de sólidos do escoamento do confinamento, ou antes da lagoa. Os sólidos mais pequenos podem ser removidos num tanque onde a velocidade da água é muito reduzida. No entanto, os tanques de sedimentação não são frequentemente utilizados para o estrume animal, uma vez que são dispendiosos. Outras tecnologias para a remoção de sólidos incluem crivos inclinados, crivos autolimpantes, prensas, processos do tipo centrífugo e filtros rápidos de areia. Estes processos podem reduzir significativamente as cargas de C, N e P nos fluxos de água subsequentes (LPES, 2005).

A escolha da etapa inicial é de primordial importância, uma vez que influencia grandemente o valor do produto final. Os resíduos sólidos têm baixos custos de manuseamento, menor potencial de impacto ambiental e um valor de mercado mais elevado, uma vez que os nutrientes estão concentrados. Em contrapartida, os resíduos líquidos têm um valor de mercado inferior, uma vez que têm custos elevados de manuseamento e armazenamento e o seu valor nutritivo é fraco e pouco fiável (LPES, 2005). Além disso, os resíduos líquidos têm um potencial de impacto ambiental muito maior se as estruturas de armazenamento não forem impermeáveis ou não tiverem uma capacidade de armazenamento suficiente.

Tal como apresentado na fase de separação, esta pode ser seguida por uma vasta gama de processos opcionais que influenciam a natureza do produto final.

As opções técnicas clássicas já amplamente utilizadas incluem:

Aeração: Este tratamento remove a matéria orgânica e reduz a carência biológica e química de oxigénio. 50 por cento do C é convertido em lamas ou biomassa que é recolhida por sedimentação. O P também é reduzido pela absorção biológica, mas em menor grau. Podem ser utilizados diferentes tipos de tratamento aeróbio, tais como lamas activadas[11] (em que a biomassa regressa à parte de entrada da bacia) ou filtros de gotejamento em que a biomassa cresce num filtro de pedra. Dependendo da profundidade da lagoa, o arejamento pode ser aplicado a todo o volume dos sistemas lagunares ou a uma parte limitada do mesmo para beneficiar simultaneamente dos processos de digestão aeróbia e anaeróbia (LPES, 2005).

Digestão anaeróbia: Os principais benefícios de um processo de digestão anaeróbia são a redução da carência química de oxigénio (CQO), da carência biológica de oxigénio (CBO) e dos sólidos, bem como a produção de gás metano. No entanto, não reduz os teores de N e P (LPES, 2005).

Sedimentação *de* bio-sólidos: A biomassa gerada é tratada biologicamente em tanques de sedimentação ou clarificadores, nos quais a velocidade do fluxo de água é suficientemente lenta para permitir a deposição de sólidos acima de um determinado tamanho ou peso (LPES, 2005).

Floculação: A adição de produtos químicos pode melhorar a remoção de sólidos e elementos dissolvidos. Os produtos químicos mais comuns incluem a cal, o alúmen e os polímeros. Quando se utiliza cal, as lamas resultantes podem ter um maior valor agronómico (LPES, 2005) *Compostagem:* A compostagem é um processo aeróbio natural que permite a devolução de nutrientes ao solo para utilização futura. A compostagem requer normalmente a adição de um substrato rico em fibras e carbono aos excrementos dos animais. Nalguns sistemas são adicionados inoculados e enzimas para ajudar o processo de compostagem. Os sistemas concebidos para converter o estrume num produto comercial de valor acrescentado têm vindo a tornar-se cada vez mais populares. Os benefícios da compostagem são numerosos: a matéria orgânica disponível é estabilizada e deixa de ser decomponível, os odores são reduzidos para níveis aceitáveis para aplicação no solo, o volume é reduzido em 25 a 50% e os germes e sementes são destruídos pelo calor gerado pela fase de formação aeróbica (cerca de 60°C). Se o rácio C:N original for superior a 30, a maior parte do N é conservada durante este processo (LPES, 2005

A secagem *do* estrume sólido é também uma opção para reduzir o volume de estrume a transportar e para aumentar a concentração de nutrientes. Em climas quentes, a secagem natural é possível com custos mínimos fora do período das chuvas.

Podem ser integrados diferentes processos numa única estrutura. Nos sistemas *de lagoas,* o estrume é altamente diluído, o que favorece a atividade biológica natural e, consequentemente, reduz a poluição. Os efluentes podem ser removidos através da irrigação de culturas que reciclam os nutrientes em excesso. As concepções de lagoas anaeróbias funcionam melhor em climas quentes, onde a atividade bacteriológica é mantida durante todo o ano. Os digestores anaeróbios, com temperatura controlada, podem ser utilizados para produzir biogás e reduzir os agentes patogénicos, embora exijam investimentos de capital elevados e uma grande capacidade de gestão. No entanto, a maioria dos sistemas de lagunagem tem pouca eficiência no que respeita à recuperação de P e N.

Até 80 por cento de todo o N que entra no sistema não é recuperado, mas a maior parte da libertação atmosférica de azoto pode ser sob a forma de gás N inofensivo$_2$. A maior parte do P só será recuperada ao fim de 10 a 20 anos, quando as lamas tiverem de ser removidas. Como resultado, a recuperação de N e P não está sincronizada. O efluente da lagoa deve, portanto, ser usado principalmente como fertilizante azotado. A gestão do efluente também requer equipamento de irrigação dispendioso para o que é de facto um fertilizante de baixa qualidade. O tamanho da lagoa deve ser proporcional ao tamanho da exploração, o que também limita a adoção da tecnologia, uma vez que requer grandes áreas para a sua implementação (Hamilton *et* al., 2001; Lorimor *et* al., 2001).

As tecnologias alternativas necessitam de mais investigação e desenvolvimento para melhorar a sua eficiência e eficácia: incluem alterações químicas, tratamento de zonas húmidas ou digestão por vermes (Lorimor et al., 2001). Os sistemas de zonas húmidas baseiam-se nas capacidades naturais de reciclagem de nutrientes que ocorrem em ecossistemas de zonas húmidas ou zonas ribeirinhas, e têm um elevado potencial para remover níveis elevados de N. A vermicompostagem é um processo pelo qual o estrume é transformado por minhocas e microrganismos num húmus rico em nutrientes chamado composto vermi, no qual os nutrientes são estabilizados (LPES, 2005).

Para serem económica e tecnologicamente viáveis, a maioria dos processos exige grandes quantidades de estrume e, em geral, não são tecnicamente adequados para serem aplicados na maioria das explorações agrícolas. A viabilidade da transformação do estrume em grande e média escala depende também das condições locais (legislação local, preços dos fertilizantes) e dos custos de transformação. Alguns dos produtos finais têm de ser produzidos em quantidades muito grandes e têm de ter uma qualidade muito fiável antes de serem aceites pela indústria (FAO, 1999c).

Melhoria da utilização do estrume

A utilização refere-se à reciclagem de produtos residuais reutilizáveis ou à reintrodução de produtos residuais não reutilizáveis no ambiente.

Na maioria das vezes, o estrume é utilizado sob a forma de fertilizante para terras agrícolas. Outras utilizações incluem a produção de alimentos para animais (para peixes em aquacultura), energia (gás metano) ou fertilizante para o crescimento de algas. Em última análise, os nutrientes perdidos poderiam ser reciclados e reutilizados como aditivos alimentares. Por exemplo, foi demonstrado experimentalmente que o estrume das poedeiras depositado em lagoas pode servir, após a transformação, como fonte de cálcio e fósforo, e ser reutilizado para alimentar galinhas ou aves de capoeira sem afetar os níveis de produção (LPES, 2005).

De um ponto de vista ambiental, a aplicação de estrume em terras agrícolas ou pastagens reduz as necessidades de fertilizantes minerais. O estrume também aumenta a matéria orgânica do solo, melhora a estrutura, a fertilidade e a estabilidade do solo, reduz a vulnerabilidade do solo à erosão, melhora a infiltração da água e a capacidade de retenção de água do solo (LPES, 2005; FAO, 1999c).

No entanto, alguns aspectos têm de ser cuidadosamente monitorizados durante a aplicação de fertilizantes orgânicos, em particular o nível de escoamento, que pode contaminar os recursos de água doce, ou a acumulação de níveis excessivos de nutrientes nos solos. Além disso, o azoto orgânico pode também ser mineralizado em alturas em que as culturas absorvem pouco azoto, sendo depois suscetível de lixiviação. Os riscos ambientais são reduzidos se as terras forem fertilizadas com o método correto, com taxas de aplicação adequadas, durante o período certo, com a frequência certa e se forem tidas em conta as caraterísticas espaciais.

As práticas que limitam a erosão e o escoamento ou a lixiviação do solo ou que limitam a acumulação de níveis de nutrientes no solo incluem
- Dosagem de fertilizantes e estrume de acordo com as necessidades das culturas.
- Evitar a compactação do solo e outros danos causados pela lavoura, que podem impedir a capacidade
  de absorção de água do solo.

- Fitorremediação: espécies de plantas selecionadas acumulam biologicamente os nutrientes

  e   os produtos pesados

metal adicionado ao solo. A bioacumulação é melhorada quando as culturas têm raízes profundas para recuperar nitratos sub-superficiais. O cultivo de plantas de elevada biomassa pode remover grandes quantidades de nutrientes e reduzir os níveis de nutrientes nos solos. A capacidade de bioacumulação de nutrientes e metais pesados varia consoante as espécies e variedades de plantas.

Alteração do solo com produtos químicos ou subprodutos municipais, para imobilizar o P e os metais pesados. A alteração do solo já provou ser muito eficaz e pode reduzir em 70% a descarga de P através das águas de escoamento. A alteração do solo com floculantes de sedimentos poliméricos (como polímeros de poliacrilamida) é uma tecnologia promissora para reduzir o transporte de sedimentos e nutrientes particulados.

- Lavoura profunda para diluir a concentração de nutrientes na zona próxima da superfície.

- Desenvolvimento de culturas em faixas, socalcos, cursos de água com vegetação, sebes estreitas de relva e faixas de proteção vegetativa, para limitar o escoamento e aumentar os níveis de filtração de nutrientes, sedimentos e metais pesados (Risse *et al.*, 2001; Zhang *et al.*, 2001).

Apesar das vantagens dos fertilizantes orgânicos (por exemplo, a manutenção da matéria orgânica do solo), os agricultores preferem frequentemente os fertilizantes minerais, que garantem a disponibilidade dos nutrientes e são mais fáceis de manusear. Nos fertilizantes orgânicos, a disponibilidade de nutrientes varia consoante o clima, as práticas agrícolas, os regimes alimentares dos animais e as práticas de gestão dos resíduos. Além disso, quando a produção animal está geograficamente concentrada, a terra acessível para a aplicação de estrume a uma taxa adequada é geralmente insuficiente. Os custos relacionados com a armazenagem, o transporte, o manuseamento e a transformação do estrume limitam a viabilidade económica da utilização deste processo de reciclagem em zonas mais distantes, através da exportação de estrume de zonas excedentárias para zonas deficitárias. A transformação e o transporte de estrume são viáveis do ponto de vista económico em grande escala. Tecnologias como a separação, a crivagem, a desidratação e a condensação, que reduzem os custos associados ao processo de reciclagem (principalmente a armazenagem e o transporte), devem ser melhoradas e devem ser criados os incentivos adequados para favorecer a sua adoção (Risse et al., 2001).

Gestão do território

Os impactos dos sistemas de produção pecuária extensiva nas bacias hidrográficas dependem fortemente da forma como as actividades de pastoreio são geridas. As decisões dos agricultores influenciam muitos parâmetros que afectam a alteração da vegetação, tais como a pressão de pastoreio (taxa e intensidade de povoamento) e o sistema de pastoreio (que influencia a distribuição dos animais). O controlo adequado da época, intensidade, frequência e distribuição do pastoreio pode melhorar a cobertura vegetal, reduzir a erosão e, consequentemente, manter ou melhorar a qualidade e disponibilidade da água (FAO, 1999c; Harper *et aZ.*, 1996; Mosley *et aZ.*, 1997).

Sistemas de pastoreio adaptados, melhoramento das pastagens e identificação do período crítico de pastoreio

Os sistemas de pastoreio rotativo podem atenuar os impactos nas zonas ribeirinhas, reduzindo o período de tempo em que a área é ocupada pelo gado (Mosley et aZ., 1997). Os resultados da investigação sobre o efeito da eficiência do pastoreio rotativo de gado nas condições das zonas ripícolas são controversos. No entanto, foi demonstrado que a estabilidade das margens dos cursos de água melhorou quando um sistema de pastoreio rotativo substituiu o pastoreio pesado e sazonal (Mosley et aZ., 1997; Myers e Swanson, 1995).

A resistência dos diferentes ecossistemas aos impactos do gado difere, dependendo da humidade do solo, da composição das espécies vegetais e dos padrões de comportamento dos animais. A identificação do período crítico é de importância primordial para a conceção de planos de pastoreio adaptados (Mosley et aZ., 1997). Por exemplo, as margens dos cursos de água são mais facilmente quebradas durante a estação das chuvas, quando os solos estão húmidos e susceptíveis de serem pisados e desprendidos, ou quando o pastoreio excessivo pode danificar a vegetação. Estes impactos podem muitas vezes ser reduzidos se for tido em conta o comportamento natural de procura de alimentos do gado. O gado evita pastar em solos excessivamente frios ou húmidos

e podem preferir forragem de terras altas quando esta é mais palatável do que a forragem das zonas ribeirinhas (Mosley *et al.*, 1997).

Podem ser construídos trilhos para facilitar o acesso a explorações agrícolas, ranchos e campos. Os trilhos para o gado também melhoram a distribuição do gado (Harper, George e Tate, 1996). A melhoria do acesso reduz o pisoteio do solo e a formação de ravinas que aceleram a erosão. Com um pouco de treino, as passagens reforçadas bem concebidas tornam-se frequentemente num ponto de acesso preferido para o gado. Isto pode

reduzem o impacto ao longo da maior parte de um curso de água, reduzindo a erosão das margens e a entrada de sedimentos (Salmon Nation, 2004). As práticas de estabilização do terreno podem ser utilizadas para estabilizar o solo, controlar o processo de erosão e limitar a formação de canais e ravinas artificiais. Bacias bem localizadas podem recolher e armazenar detritos e sedimentos da água que passa a jusante (Harper, George e Tate, 1996).

Melhorar a distribuição dos animais: exclusão e outros métodos

A exclusão do gado é o método fundamental para a recuperação e proteção de um ecossistema. Os animais que se reúnem perto de águas superficiais aumentam a depleção da água, principalmente através da descarga direta de resíduos e sedimentos na água, mas também indiretamente, reduzindo a infiltração e aumentando a erosão. Qualquer prática que reduza o tempo que o gado passa num riacho ou perto de outros pontos de água e, consequentemente, reduza o pisoteio e a carga de estrume, diminui o potencial de efeitos adversos da poluição da água causada pelo pastoreio de animais (Larsen, 1996). Esta estratégia pode ser associada a programas de controlo dos parasitas do gado para reduzir o potencial de contaminação biológica.

Foram concebidas várias práticas de gestão para controlar ou influenciar a distribuição do gado e evitar que este se reúna perto das águas de superfície. Estes métodos incluem métodos de exclusão, tais como vedações e o desenvolvimento de faixas de proteção perto de águas de superfície, bem como métodos mais passivos que influenciam a distribuição do gado, tais como:

- desenvolvimento da rega a jusante;

- pontos estrategicamente distribuídos para alimentos complementares e minerais;

- actividades de adubação e de ressementeira;

- controlos de predadores e parasitas que podem impedir a utilização de uma parte da terra;

- fogo controlado; e

- construção de trilhos.

No entanto, poucas delas foram amplamente testadas no terreno (Mosley *et* al., 1997).

O tempo que os animais passam dentro ou muito perto da água tem uma influência direta tanto na deposição como na ressuspensão de micróbios, nutrientes e sedimentos e, consequentemente, na ocorrência e extensão da poluição da água a jusante. Quando os animais são excluídos das zonas que rodeiam os recursos hídricos, a deposição direta de resíduos animais na água é limitada (California trout, 2004; Tripp et al., 2001).

A vedação é a forma mais simples de excluir os animais vivos das zonas sensíveis. As actividades de vedação permitem aos agricultores designar pastagens separadas que podem ser geridas para recuperação, ou onde o pastoreio pode ser limitado. Podem ser necessários períodos alargados de repouso ou de adiamento do pastoreio para permitir a recuperação de sítios muito degradados (California trout, 2004; Mosley *et al.*, 1997). Podem ser utilizadas vedações para evitar a deposição direta de fezes na água. As vedações devem ser adaptadas, em termos de tamanho e materiais, de modo a não impedir a atividade da vida selvagem. Por exemplo, o arame superior, tanto nas pastagens como nos cercados ripícolas, não deve ser farpado, porque as zonas ripícolas proporcionam um habitat para caça grossa e água para as terras altas circundantes (Salmon Nation, 2004; Cham-berlain e Doverspike, 2001; Harper, George e Tate, 1996).

Esforços recentes para melhorar a saúde das zonas ribeirinhas centraram-se no estabelecimento de zonas-tampão de conservação, para excluir o gado das áreas que rodeiam os recursos hídricos de superfície (Chapman e Ribic, 2002). As zonas-tampão de conservação são faixas de terreno ao longo de cursos de água doce com vegetação permanente e relativamente não perturbada. São concebidas para abrandar o escoamento da água, remover poluentes (sedimentos, nutrientes, contaminantes biológicos e pesticidas), melhorar a infiltração e estabilizar as zonas ribeirinhas (Barrios, 2002; National Conservation Buffer Team, 2003; Tripp et al., 2001; Mosley et al., 1997).

Quando estrategicamente distribuídas pela paisagem agrícola (que pode incluir algumas partes das bacias hidrográficas), as zonas-tampão podem filtrar e remover os poluentes antes de estes chegarem aos cursos de água e aos lagos ou serem lixiviados para os recursos hídricos subterrâneos profundos. O processo de filtragem resulta principalmente de um maior processo de fricção e da diminuição da velocidade da água do escoamento superficial. As zonas de proteção aumentam a infiltração, a deposição de sólidos em suspensão, a adsorção às superfícies das plantas e do solo, a absorção de materiais solúveis pelas plantas e a atividade microbiana. As zonas de proteção também estabilizam as margens dos cursos de água e as superfícies do solo, reduzem a velocidade do vento e da água, reduzem a erosão, reduzem as inundações a jusante e aumentam o coberto vegetal. Isto leva à melhoria dos habitats dos cursos de água, tanto para peixes como para invertebrados (Barrios, 2002; National Conservation Buffer Team, 2003; Tripp et aZ., 2001; Mosley et aZ., 1997; Vought et aZ., 1995).

As zonas-tampão de conservação são geralmente menos dispendiosas de instalar do que as práticas que exigem engenharia extensiva e métodos de construção dispendiosos (National Conservation Buffer Team, 2003). No entanto, os agricultores consideram-nas frequentemente impraticáveis (Chapman e Ribic, 2002), uma vez que restringem o acesso a áreas luxuriantes que os agricultores consideram cruciais para a produção e saúde animal, especialmente em zonas de sequeiro.

Quando existe um grande rácio entre o curso de água e a área terrestre, evitar a deposição de fezes nos cursos de água através da vedação do gado pode tornar-se muito dispendioso. A disponibilização de fontes alternativas de água potável pode reduzir o tempo que os animais passam nos cursos de água e, consequentemente, a deposição de fezes nos cursos de água. Esta opção técnica económica também melhora a distribuição do gado e reduz a pressão sobre as zonas ribeirinhas. Foi demonstrado que uma fonte de água fora do curso de água reduz o tempo que um grupo de animais alimentados com feno passa no curso de água em mais de 90 por cento (Miner et aZ., 1996). Além disso, mesmo quando a fonte de alimentação foi colocada a igual distância entre o tanque de água e o ribeiro, o tanque de água continuou a ser eficaz na redução do tempo que o gado passava no ribeiro (Tripp *et al.*, 2001; Godwin e Miner, 1996; Larsen, 1996; Miner et al., 1996).

O desenvolvimento de barragens de água, furos e pontos de abeberamento deveria ser cuidadosamente planeado para limitar o impacto das concentrações locais de animais. Para evitar a degradação pelos animais, são úteis medidas de proteção do armazenamento de água. A redução da perda de água por infiltração pode ser efectuada através da utilização de materiais impermeáveis. Devem ser aplicadas outras medidas (como coberturas anti-evaporação: película de plástico, óleo neutro) para reduzir a perda por evaporação, que é muito substancial em países quentes. No entanto, as opções técnicas disponíveis para limitar a evaporação são geralmente caras e difíceis de manter (FAO, 1999c).

A fertilização pode ser utilizada como um método de controlo da distribuição do pastoreio do gado. Nas pastagens do sopé da Califórnia central (Estados Unidos), a fertilização das encostas adjacentes com enxofre (S) levou a uma diminuição significativa do tempo que o gado passava a pastar em depressões húmidas durante a estação seca (Green et al., 1958 in Mosley et al., 1997).

O fornecimento de alimentos suplementares também pode atrair o gado para longe das águas de superfície. Ares (1953) verificou que a farinha de sementes de algodão misturada com sal conseguiu afastar o gado das fontes de água em pastagens desérticas no centro-sul do Novo México. No entanto, parece que a colocação de sal é geralmente incapaz de anular a atração pela água, sombra e forragens palatáveis que se encontram nas zonas ribeirinhas (Vallentine, 1990). Bryant (1982) e Gillen *et al.* (1984) referiram que a salga, por si só, era largamente ineficaz na redução da utilização das zonas ripícolas pelo gado. (Mosley et al., 1997)

Durante a estação seca e quente, o gado tende a passar mais tempo nas zonas ribeirinhas. Uma opção técnica consiste em proporcionar fontes alternativas de sombra longe das zonas frágeis e dos recursos de água doce (Salmon Nation, 2004).

Conforme apresentado nesta secção, existe um grande número de opções técnicas disponíveis para minimizar os impactos do sector pecuário nos recursos hidricos, limitando as tendências de esgotamento da água e melhorando a eficiência da sua utilização. No entanto, estas opções técnicas não são amplamente aplicadas porque: a) as práticas com impacto nos recursos hídricos são geralmente mais "rentáveis" a curto prazo; b) há uma clara falta de conhecimentos técnicos e de divulgação de informações; c) há uma falta de normas e políticas ambientais e/ou a sua aplicação é deficiente. Na maioria dos casos, a adoção de opções técnicas adaptadas que reduzam as tendências de esgotamento dos recursos hídricos só será conseguida através da conceção e aplicação de um quadro político adequado.

CAPÍTULO 15: GESTÃO AMBIENTAL SUSTENTÁVEL

As medidas para mitigar as perdas de nutrientes das explorações pecuárias devem basear-se em objectivos públicos claros de qualidade ambiental. A formulação destes objectivos é difícil porque exige um processo político de ponderação e compromisso de objectivos contraditórios. Por um lado, existe uma necessidade urgente em muitos países de aumentar a produção pecuária e de melhorar o rendimento dos criadores de gado. É extremamente importante proteger os recursos naturais e a biodiversidade para garantir uma boa qualidade ambiental, um ecossistema saudável e paisagens atractivas. A proteção dos solos é necessária para a segurança alimentar das gerações futuras. A poluição da atmosfera deve ser reduzida porque ameaça a saúde humana e animal e contribui para as alterações climáticas. A biodiversidade tem um aspeto económico (genes para o futuro), bem como uma função ecológica (saúde dos ecossistemas). A gestão ambiental sustentável deve ser tida em conta numa fase inicial da intensificação da produção vegetal e animal e deve ser considerada no desenvolvimento da política ambiental.

Existem políticas e tecnologias comprovadas que podem gerir e reduzir os danos ambientais causados pela produção pecuária. Os regulamentos e impostos de zonamento podem ser utilizados, por exemplo, para desencorajar grandes concentrações de produção intensiva perto das cidades e longe das terras de cultivo onde os nutrientes poderiam ser reciclados. Além disso, os impostos, os programas de certificação e outros instrumentos políticos podem ser utilizados para apoiar as melhores práticas na produção animal. A construção de barragens e de instalações de armazenamento de estrume de acordo com normas rigorosas de localização e construção pode reduzir as descargas de efluentes. A utilização de alimentos de qualidade e o controlo cuidadoso das entradas e saídas de nutrientes podem ajudar a minimizar a libertação de nitratos, fosfatos e metais pesados. A reciclagem de estrume e de composto pode proporcionar aos produtores pecuários uma saída para os seus resíduos e aos agricultores um fornecimento barato de fertilizante orgânico. Os geradores de biogás podem melhorar a gestão do estrume, ao mesmo tempo que constituem uma fonte valiosa de energia renovável.

Mas poucos países estabeleceram quadros políticos que incentivem os agricultores a adotar e a investir nestas tecnologias. Muito pelo contrário. Em muitos países, políticas desactualizadas e mal orientadas promovem ativamente uma produção animal insustentável do ponto de vista ambiental. Muitos países em desenvolvimento, por exemplo, fornecem subsídios para concentrados de ração de alta energia, fertilizantes químicos, energia e crédito. Embora não visem diretamente os sistemas industriais, esses subsídios tendem a ser mais benéficos para as grandes operações intensivas. Paralelamente, o facto de não se abordar as externalidades ambientais subsidia efetivamente o fornecimento barato de produtos animais em detrimento da sustentabilidade ambiental, beneficiando os sistemas industriais. Embora muitos países disponham de legislação que pode obrigar os produtores industriais a eliminarem os resíduos de forma responsável ou a pagarem o preço, estes regulamentos tendem a ser fracos e mal aplicados.

A correção desta situação exige a alteração das políticas e o ajustamento dos incentivos, tanto a nível nacional como local. Exige também a colaboração e a cooperação entre muitas disciplinas e ministérios diferentes, incluindo os responsáveis não só pela agricultura e pelo ambiente, mas também pelo desenvolvimento económico e pela saúde pública.

Em muitos países em desenvolvimento, os sistemas agrícolas mistos industriais e intensivos têm beneficiado de uma vantagem competitiva. As distorções políticas e a ausência ou insuficiência de
a aplicação da regulamentação permitiu-lhes evitar o pagamento dos custos de gestão e eliminação do estrume e de outros poluentes. Os impostos podem ser utilizados para corrigir os preços dos custos ambientais não imputados e incentivar uma utilização eficiente dos recursos. A tributação pode também incentivar a reciclagem de nutrientes, tornando o estrume mais atrativo como fertilizante, tanto para os produtores de gado que têm de o gerir e armazenar como para os agricultores que o aplicam nos seus campos.

A tributação e os subsídios são, normalmente, questões de política nacional. O mesmo acontece com a afetação de recursos para o desenvolvimento de infra-estruturas que têm um grande impacto na localização e viabilidade das explorações pecuárias. As más estradas, os elevados custos de transporte e as redes eléctricas e de comunicação inadequadas nas zonas rurais incentivam a concentração das explorações pecuárias industriais nas zonas urbanas. O investimento em infra-estruturas rurais pode equilibrar a balança, proporcionando escoamento para a produção pecuária e outras indústrias rurais.

A legislação e os regulamentos nacionais em matéria de ambiente podem também desempenhar um papel importante no estabelecimento de normas para as descargas e emissões de efluentes e podem fornecer um quadro para a negociação e aplicação de códigos de conduta provinciais e locais. Mas não podem refletir eficazmente nem a diversidade dos sistemas agrícolas nem o contributo dos agricultores e de outras partes interessadas nas diferentes zonas. As políticas nacionais devem ser complementadas por regulamentos, acções de sensibilização e actividades de serviços de extensão a nível provincial e municipal que abordem os sistemas agrícolas e as condições ambientais locais. Se os agricultores forem responsáveis pelas práticas de criação de animais, haverá um rápido crescimento da produção animal e também um rápido aumento da poluição associada às concentrações de produção animal.

Ao longo de grande parte da costa densamente povoada, a densidade de suínos excede os 100 animais por quilómetro quadrado e as terras agrícolas estão sobrecarregadas com enormes excedentes de nutrientes. As escorrências estão a degradar gravemente a qualidade da água do mar e dos sedimentos numa das zonas marinhas de águas pouco profundas com maior diversidade biológica do mundo, provocando "marés vermelhas" e ameaçando
habitats costeiros e marinhos frágeis, incluindo mangais, recifes de coral e ervas marinhas.

FAO e a iniciativa interinstitucional "Pecuária, Ambiente e Desenvolvimento" (LEAD - www.lead.virtualcentre.org), ao abrigo de uma subvenção do Fundo Mundial para o Ambiente. O projeto abordará as ameaças ambientais através do desenvolvimento de políticas destinadas a equilibrar a localização das operações de produção pecuária com os recursos terrestres e a incentivar a utilização de estrume e de outros nutrientes pelos agricultores.

Os produtores de gado podem ser encorajados a instalar-se mais longe das cidades e mais perto das terras de cultivo, por exemplo, através de uma combinação de regulamentos locais, provinciais e nacionais de zonamento e utilização dos solos, reforçados por impostos, incentivos e desenvolvimento de infra-estruturas. As zonas adequadas para o desenvolvimento da pecuária podem ser identificadas através da análise do possível impacto no desenvolvimento económico, na equidade social, na qualidade ambiental e na saúde pública. O desenvolvimento de infra-estruturas, como a melhoria das estradas e a construção de um matadouro público, tornará estas zonas atractivas para os produtores de gado. O mesmo acontece com as regulamentações de zonamento e os impostos que desencorajam a produção em zonas urbanas, onde é mais provável que causem graves problemas de poluição. O zonamento e o planeamento espacial da produção pecuária são medidas poderosas para controlar o equilíbrio terra/pecuária e os nutrientes.

As lições retiradas da experiência internacional sugerem que a adoção de práticas ambientalmente corretas depende tanto de incentivos, sob a forma de assistência financeira e formação, como de normas vinculativas, execução e sanções. Nos programas bem sucedidos, os incentivos ao investimento em tecnologia para reduzir a poluição nas explorações agrícolas existentes chegam frequentemente a atingir 75% do custo. Por outro lado, é de esperar que as operações novas e em expansão tenham em conta o custo dos controlos ambientais nos custos globais da atividade. Os incentivos não lhes são aplicados. Os programas de certificação também podem ser utilizados para incentivar a melhoria das práticas de criação. Os agricultores podem ser recompensados, por exemplo, oferecendo prémios de preço ou privilégios de acesso ao mercado para produtos certificados como provenientes de explorações que cumprem o código. Os agricultores podem também necessitar de formação e assistência no domínio da extensão para seleccionarem e aplicarem as melhores práticas de gestão compatíveis com o ambiente.

As autoridades podem também incentivar os produtores de gado a adoptarem práticas ambientalmente corretas, propondo normas ambientais e prescrevendo formas de as cumprir. As normas vinculativas devem ser aplicadas. Quando são violadas, as autoridades devem consultar os produtores de gado para garantir o seu cumprimento e punir as violações repetidas através da aplicação de multas ou da proibição de actividades.

A transferência de estrume da produção animal intensiva para potenciais utilizadores, tais como agricultores ou piscicultores, levanta uma série de questões relacionadas com monitorização da qualidade do estrume, incluindo o teor de nutrientes, água, metais pesados, resíduos de medicamentos e agentes patogénicos. Muitas vezes, o estrume é transferido diretamente dos produtores para os utilizadores, mas a média
Os homens e os transformadores também podem ser envolvidos. Os governos têm um papel a desempenhar na definição de diretrizes para a comercialização do estrume e dos produtos derivados do estrume, na definição de normas e regulamentos de qualidade e na atribuição da responsabilidade pelo controlo e certificação. Podem também ser considerados subsídios para a transformação e utilização do estrume.

O cumprimento das normas ambientais implica um certo custo para o sector pecuário. A OCDE estimou que os custos da regulamentação ambiental variam entre 4 e 7 por cento dos custos globais de produção.

Os custos do cumprimento das normas ambientais variam consoante a escolha dos instrumentos e técnicas de política. As medidas economicamente eficientes incluem a melhoria da eficiência alimentar e o aumento da utilização dos nutrientes do estrume animal para fertilizar as culturas. No entanto, para que a utilização de estrume seja economicamente eficiente e ambientalmente correta, este deve substituir os fertilizantes químicos na satisfação das necessidades nutricionais das culturas. A diminuição do volume de resíduos através da redução da utilização de água também pode ser eficiente em termos de custos, uma vez que reduz os custos de armazenamento e transporte de resíduos. O investimento em instalações de tratamento de estrume e de biogás, por outro lado, tende a ser uma forma relativamente dispendiosa de resolver os problemas do estrume. Os custos adicionais podem, no entanto, ser compensados pelas receitas provenientes da produção de energia ou da venda de fertilizantes transformados.

As opções políticas devem, por conseguinte, ser avaliadas com base na sua relação custo-eficácia, tendo em conta tanto os custos de aplicação suportados pelo governo como os custos de cumprimento suportados pelos agricultores. Para além de informar a escolha das opções políticas, esta análise de custo-eficácia pode também apoiar outras decisões, incluindo a aplicação progressiva das políticas e a fixação dos níveis de impostos e subsídios.

A criação de um quadro político que permita um cumprimento generalizado exige um diálogo com as partes interessadas que lhes permita compreender claramente por que razão as políticas são necessárias e qual o impacto que terão nas suas vidas. A tarefa de estabelecer um código de práticas ou um conjunto de melhores procedimentos de gestão pode servir como uma forma eficaz de envolver as partes interessadas nesse diálogo.

Planos de gestão de nutrientes:

Exigir que os agricultores mantenham um balanço, registando todos os nutrientes que entram na exploração sob a forma de alimentos para animais, forragens, fertilizantes ou animais e todos os que saem sob a forma de animais e produtos animais, estrume e culturas.

Quando associados a incentivos ao cumprimento e a sanções por descargas não geridas ou por excederem as taxas de eliminação de nutrientes, os planos de gestão de nutrientes têm demonstrado ajudar a reduzir tanto o excesso de nutrientes como a utilização da água.

No entanto, não se pode esperar ou exigir que todos os agricultores mantenham contas de balanço de nutrientes por si próprios. Os grandes agricultores podem ter os conhecimentos e os recursos necessários para monitorizar e gerir o fluxo de nutrientes.

Mas quando um grande número de pequenos agricultores se dedica à produção animal, as autoridades locais podem ter de encorajar os produtores a formar grupos de gestão de resíduos e dar-lhes acesso a um profissional de extensão com formação em gestão de resíduos.

O Programa de Cálculo do Balanço de Nutrientes, desenvolvido pela Iniciativa Pecuária, Ambiente e Desenvolvimento (LEAD), calcula o equilíbrio entre os nutrientes disponíveis no estrume e os nutrientes necessários às culturas.

Chaves para lidar com a poluição causada pelos resíduos animais:

As explorações pecuárias intensivas podem causar grandes problemas ambientais, especialmente quando se aglomeram em torno de cidades ou perto de recursos hídricos. Os efluentes são normalmente descarregados no ambiente ou armazenados em vastas "lagoas", a partir das quais os resíduos podem infiltrar-se em cursos de água e lençóis freáticos e os gases poluentes escapam para a atmosfera. Existem políticas e tecnologias comprovadas que podem gerir   e reduzir os danos ambientais causados pelos   resíduos animais   , incluindo

- Eliminação dos subsídios e ajustamento dos impostos para que os preços reflictam os verdadeiros custos ambientais e incentivem a utilização eficiente dos recursos;

- Utilização de regulamentos de zonamento e impostos para desencorajar   grandes concentrações de

produção intensiva perto das cidades e longe das terras de cultivo onde os nutrientes poderiam ser reciclados;

- Estabelecimento e aplicação de normas para a descarga e reciclagem de efluentes;

- Incentivos ao investimento em tecnologia para reduzir a poluição;

- Criação de programas de certificação para incentivar a melhoria das práticas de criação;

- Estabelecimento de diretrizes, normas de qualidade e mecanismos de controlo para a comercialização de estrume e produtos derivados do estrume;

- Envolver as partes interessadas no estabelecimento de códigos   de boas práticas de gestão que

abrangem todos os aspectos das operações agrícolas, incluindo: localização e construção de explorações agrícolas; planos de gestão de nutrientes; separação e armazenamento de estrume e efluentes; utilização da água; eliminação de biogás; práticas de alimentação animal; e biossegurança.

FAO Livestock Policy Briefs:

O rápido crescimento da produção pecuária nos últimos anos alimentou as esperanças de um desenvolvimento económico acelerado, os receios de uma maior desigualdade social e ambiental

e o reconhecimento de que são necessárias políticas abrangentes e eficazes para garantir que a expansão contínua do sector pecuário contribua para a redução da pobreza, a sustentabilidade ambiental e a saúde pública.

Os documentos desta série de Resumos sobre Políticas Pecuárias exploram questões relacionadas com a produção animal, identificam opções políticas que podem ser consideradas e destacam exemplos de

abordagens que se revelaram bem sucedidas.

A série Livestock Policy Briefs foi preparada pelo Departamento de Informação, Análise Sectorial e Política Pecuária (AGAL) da Divisão de Produção e Saúde Animal. da Divisão de Produção e Saúde Animal da Organização das Nações Unidas para a Alimentação e a Agricultura.

CAPÍTULO 16: MÉTODOS DE MANUSEAMENTO DE RESÍDUOS ANIMAIS

Nalguns países, especialmente nos países em desenvolvimento, há pouca informação disponível sobre a produção e a gestão dos resíduos animais. A quantidade e a composição dos resíduos animais dependem da raça, da espécie, do nível de produção e das práticas alimentares. Atualmente, os dados sobre estes factores determinantes parecem basear-se em vários pressupostos (Gerber et a/., 2005). A perda de nutrientes das operações agrícolas tornar-se-á um problema crítico nas zonas expostas à eutrofização (Burton e Turner, 2003). É necessário desenvolver sistemas de recolha, manuseamento, armazenamento e transporte que sejam compatíveis com os requisitos dos actuais sistemas de produção e que sejam amigos do ambiente. Foram utilizadas as seguintes técnicas de tratamento de resíduos animais para assegurar a aplicação atempada de estrume às culturas, melhorar o valor nutritivo e reduzir a viabilidade dos agentes patogénicos.

6.1 Eliminação de fossas:

A eliminação de dejectos animais em fossas fechadas tem sido o método de eleição durante anos devido ao seu baixo custo e conveniência. Para a eliminação das aves mortas tem sido utilizado um fosso profundo com uma estrutura interior e uma tampa bem apertada, ou uma vala aberta preparada por uma retroescavadora. Alguns agricultores utilizam um sem-fim de transplantação para cavar buracos redondos mais pequenos para a eliminação. A fim de controlar os odores e as moscas e desencorajar os necrófagos, deve ser mantida uma cobertura de, pelo menos, dois pés de terra. O custo de eliminação associado às fossas foi estimado em 3,68 cêntimos por libra para um bando de 100.000 frangos de carne (Crew *et al.,* 1995). A eliminação num aterro municipal ou comercial é também uma opção quando os operadores permitem o enterramento da carcaça. Esta via é normalmente reservada para necessidades de eliminação maiores ou de emergência, devido aos custos de transporte.

2. Compostagem :

Durante a compostagem de estrume sólido, a decomposição aeróbica da matéria orgânica e o impedimento do transporte de calor provocam o aquecimento do material, frequentemente até 60-700C (Van Der Meer, 2006). Este aquecimento tem efeitos positivos ao matar agentes patogénicos e sementes de ervas daninhas. A baixas temperaturas, a taxa de redução dos agentes patogénicos é lenta, pelo que, após um período de tratamento da lagoa de mais de 120 dias, as concentrações de microrganismos remanescentes no efluente das lagoas na Europa eram elevadas, vzz. 105 por 100 ml para colz/orrns fecais e estreptococos e 104 por 100 ml para ClostrzJza (Burton, 1997). Devido às temperaturas ambiente mais elevadas, a armazenagem de efluentes líquidos pode ser um tratamento mais eficiente e fiável na Ásia do que na Europa, mas a eficiência da armazenagem na redução de agentes patogénicos deve ser avaliada antes de se utilizar a armazenagem como única medida de tratamento. A compostagem pode facilitar a produção de estrume sólido higiénico que pode ser aplicado na terra com um risco mínimo de agentes patogénicos. Durante a compostagem, a temperatura do material deve ser superior a 55-65oC durante, pelo menos, uma semana para se obter uma boa redução dos agentes patogénicos   e das sementes de infestantes (Strauch,   1986;

       TenHaveeVanVoorneburg   ,   1994;

Nicholson, et al., 2005). Este método permite a conversão na exploração de aves mortas num corretor de solo semelhante ao húmus. A adição de água a camadas alternadas de palha, carcaças e estrume em contentores colocados sobre uma laje de betão coberta inicia o processo. Os rácios de peso sugeridos para estes vários componentes são: 1 parte de carcaça, 2 partes de cama de aves, 0,1 parte de palha e 0,25 parte de água (Donald e Blake, 1990; Donald et al. 1990; Donald et *al.*, 1994). As bactérias termofílicas começam então a trabalhar utilizando o azoto, o carbono e a gordura da cama e das aves mortas, para os digerir a temperaturas de 54,44 - 65,56°C.

A maioria das grandes explorações agrícolas utiliza um processo de duas fases, em que, após algumas semanas, quando a temperatura diminui, o material é virado para um segundo contentor para arejar o composto. O aquecimento e a decomposição posterior ocorrem durante a semana seguinte para produzir composto que pode ser aplicado nas culturas ou nas pastagens. São colocadas tantas unidades quantas as necessárias para acomodar um rebanho num barracão com chão de betão e enchidas de acordo com as proporções mencionadas anteriormente. Na compostagem em pequena escala, atingir o nível desejado de 50 - 60% de humidade no contentor é muito mais importante do que em operações maiores de duas fases. Depois de a temperatura ter atingido um pico acima dos 54,44°C e começar a diminuir, o composto pode ser transferido para armazenamento ou aplicado no solo. Embora a compostagem seja eficaz, requer um carregador (duas fases), tempo e atenção aos pormenores. A composição média do composto de frangos de carne é de: 28% de humidade, 1,9% de azoto, 2,3% de P2O5 e 1,6% de K2O (Christmas, ef al., 1996; FDACS, 1999).

3. Renderização

A opção de transformação de subprodutos permite a remoção das carcaças da exploração agrícola para eliminar as possibilidades de poluição ambiental, reciclando simultaneamente os resíduos num bom ingrediente para a alimentação animal. A transformação de subprodutos envolve o aquecimento, a hidrólise e a prensagem dos resíduos das instalações de transformação em farinha de subprodutos. As três principais preocupações relacionadas com este método de eliminação são a biossegurança, a decomposição correta das penas e um método adequado de armazenamento na exploração para reduzir os custos de transporte. Brown (1996) apresentou algumas recomendações nesta área, começando por uma exploração que tenha um plano de biossegurança escrito, que é revisto frequentemente para realçar a sua importância. O contentor de armazenamento e recolha deve ser protegido contra a invasão de animais e estar localizado a pelo menos 100 metros das casas. As carcaças devem ser levadas para o local de armazenamento no final do dia por um empregado que não regresse às instalações da exploração nesse dia. Brown (1996) também sugere que o dinheiro gasto em biossegurança deve ser visto como um investimento em rentabilidade futura.

Foi produzida e testada uma farinha de carcaça fundida em ensaios de alimentação com frangos de carne na Universidade da Florida. O rendimento do processamento de gordura total foi de 41% e a utilização do material até 12% na dieta permitiu uma eficiência alimentar igual ou superior. Nem o sabor nem a textura da carne foram afectados pela inclusão da farinha na dieta. A hidrolização das penas não parece ser um problema e a farinha contém 55,7% de proteína, 2,03% de aminoácidos sulfurados, 3,15% de lisina, 3,73% de cálcio, 1,47% de fósforo total e 0,41% de fibra (Christmas, et a/., 1996).

4. Fermentação do ácido lático:

A fermentação do ácido lático também tem sido amplamente testada como método de conservação para manter as carcaças até três meses antes da transformação (Bui Xuan, et a/., 1997). As carcaças têm de ser moídas, misturadas com a quantidade correta de hidratos de carbono fermentáveis, como melaço, farinha de milho ou soro de leite seco, e levadas a 60-70% de humidade. As bactérias do ácido lático presentes no intestino começam então a converter a fonte de energia em ácido lático. À medida que a conversão se processa de forma anaeróbia, o pH é naturalmente reduzido após cinco a sete dias para valores entre 3,0 e 4,5, onde as bactérias deteriorantes não conseguem sobreviver. Este processo requer alguma atenção ao pormenor em termos de medições exactas das matérias-primas e de uma mistura completa. O transformador ou o produtor devem também dispor de equipamento para o transporte das cisternas de produto fermentado.

CAPÍTULO 17: UTILIZAÇÃO DE RESÍDUOS ANIMAIS

É óbvio que existe uma necessidade urgente de uma utilização sustentável dos resíduos de estrume de animais na produção animal e vegetal. Foram também propostas algumas das abordagens que podem ser utilizadas no âmbito desta investigação. Por conseguinte, a redução dos resíduos da pecuária é importante para manter o ambiente limpo. A gestão dos resíduos animais através da reciclagem é um passo importante para uma gestão sustentável dos resíduos animais, bem como para reduzir o impacto ambiental negativo associado à sua má gestão.

Table 4

Guideline quantities and heat values of biofuel from animal waste

Waste	Total body weight (kg)	Methane	Heat value (Kcal/d)
Human	50	70	225
Laying hen	2	70	62
Fattening pigs	50	65	900
Dairy cow	500	70	6,850

Source: Taiganides (1983).

1 Produção de biocombustíveis

A produção de biogás a partir de animais por digestão anaeróbia tem sido tradicionalmente uma prática comum na Ásia, particularmente em zonas tropicais como a Indonésia, a Índia e o Vietname (Henuk, 2001). Isto é particularmente verdade em zonas muito densamente povoadas, onde as árvores foram cortadas e utilizadas como combustível ou para outros fins, distorcendo assim o ecossistema. Atualmente, o aumento do custo do combustível fóssil utilizado no fabrico de fertilizantes comerciais, e a perceção de que o fornecimento de petróleo é limitado, com uma ênfase crescente na melhoria do ambiente, resultou num interesse crescente na utilização de resíduos animais (Fontenot, 1979; Cheeke, 1999; Damro, 2000) como se mostra no quadro 4.

2. Fertilizante orgânico

Os estrumes animais têm sido utilizados eficazmente como fertilizantes orgânicos durante séculos. De acordo com Bell (2002), os excrementos animais contêm todos os nutrientes essenciais para as plantas e estão bem documentados como sendo um excelente fertilizante. O estrume de aves de capoeira há muito que é reconhecido como talvez o mais desejável destes fertilizantes naturais devido ao seu elevado teor de azoto (Sloan et a/. 2008). As experiências na Europa e nos EUA mostraram que a aplicação de estrume animal no solo para a fertilização de culturas e pastagens e para a melhoria ou manutenção da fertilidade do solo é o método mais adequado de utilização de estrume. Para além disso, o estrume fornece outros nutrientes essenciais para as plantas e serve como corretor do solo ao adicionar matéria orgânica. A persistência da matéria orgânica varia com a temperatura, a drenagem, a precipitação e outros factores ambientais. A matéria orgânica no solo melhora a retenção de humidade e de nutrientes. A utilização de estrume animal é uma parte integrante da agricultura sustentável e uma fonte valiosa de nutrientes e matéria orgânica para utilização na manutenção da fertilidade do solo e na produção de culturas. No entanto, para um planeamento fiável dos fertilizantes e para permitir a confiança dos agricultores na utilização de estrume como fonte de nutrientes, é necessário conhecer o teor de nutrientes do estrume (Quadro 5). Uma aplicação moderada de resíduos animais é altamente benéfica, dependendo do armazenamento e das condições climáticas, e pode reduzir a acidez do solo, especialmente em solos altamente degradados e lixiviados do mundo.

3. Produção de vermicestos

Table 5

Chemical composition of animal (chicken) manure.

Composition	Chicken manure
Macro nutrient (%)	
Total N	4.30
Phosphorus	2.85
Potassium	1.53
Calcium	7.53
Magnesium	1.19
Sodium	0.18
Micro nutrient	
Boron	29
cobalt	67
Manganese	1736
Zinc	1151
Chemical properties	
Alkaline ($cmo_c kg^1$)	225
EC (msm^{-1})	1494
pH (H_2O)	8.03
Moisture content	6.42
$CaCO_3$	25.8

Source: Materachera and Mkhabela (2002).

A vermicultura pode ser definida como a biodegradação não termofílica e a estabilização de materiais orgânicos (Arancon *et al.*, 2003) resultantes da interação entre minhocas e microrganismos que vivem tanto no intestino das minhocas como nos materiais orgânicos (Pizl e Novakova, 2003). O sistema de vermicultura a nível mundial utiliza duas espécies de minhocas epigeicas EAema AwJrez a "J EAema/oetzda (Elvira et al., 1996; Dominguez et al., 2005). O excremento animal pode ser potencialmente convertido em gesso de vermes e farinha de vermes (farinha de proteínas) através de um sistema de vermicultura de baixo custo. O vermincast é um produto industrialmente reconhecido que contém uma proporção de gesso misturado com porções de resíduos húmicos estabilizados não digeridos. Os resíduos são restos orgânicos digeridos, muco e substâncias excretórias nitrogenadas do trato intestinal das minhocas (Tripathi e Bhardwaj, 2003). A moela das minhocas permite-lhes produzir cascas que têm uma textura muito mais fina do que os resíduos crus e compostados (Bajsa et a/., 2003). O vermicast está a tornar-se cada vez mais valioso devido à sua textura semelhante à do solo e ao seu odor agradável (Ndegwa e Thompson, 2000). Foi demonstrado que os vermicestos derivados de estrume animal proporcionam benefícios de crescimento às plantas que superam os fertilizantes inorgânicos convencionais quando comparados numa base de nutrientes, e são vendidos como fertilizante orgânico biologicamente melhorado (Buckerfield et a/., 1999). Também fornecem biomassa microbiana, hormonas de crescimento das plantas, enzimas e ácido húmico (Arancon et a/., 2003).

4. Alimentos alternativos para animais

Os resíduos animais, quando corretamente tratados e secos, contribuirão para a redução do custo da alimentação em áreas onde os alimentos são escassos e caros, aumentando assim a margem de lucro acumulada pelo agricultor (Daghir, 1995). Isto aumentará a margem de lucro e, ao mesmo tempo, diminuirá o custo da carne e dos ovos das aves de capoeira, reduzindo a fome e diminuindo a competição entre os seres humanos e as aves de capoeira pela alimentação (El Boushy e Vander Poel, 2000). Dependendo do sistema de produção utilizado, 60 a 70% do custo de produção vai para a alimentação num sistema intensivo de gestão de gado. Devido ao elevado custo das rações e dos ingredientes convencionais, os nutricionistas e outros profissionais do sector nos países em desenvolvimento têm defendido seriamente a utilização de rações e ingredientes não convencionais, tais como resíduos animais transformados, farinhas de folhas e resíduos agro-industriais na alimentação animal. Isto conduzirá a uma redução da utilização de ingredientes tradicionais de rações para animais, como o milho, o trigo e a soja, que podem ser consumidos pelos seres humanos (El Boushy e Vander Poel, 2000). O estrume de aves de capoeira e de suínos recolhido em instalações de alimentação em regime de confinamento pode ser recuperado para ser novamente utilizado na alimentação de bovinos de carne, bovinos de leite e ovinos. A investigação demonstrou que esta prática é um sistema eficaz de recuperação, transformação e realimentação destes resíduos como fonte de energia, proteínas e nutrientes minerais na produção de animais ruminantes (Bell, 2002).

Os resíduos animais secos, como os excrementos de aves de capoeira, são geralmente equivalentes aos cereais, como a cevada, em termos de proteínas e aminoácidos essenciais (Mcllroy e Martz, 1978). No Reino Unido, por exemplo, quando corretamente transformados, os resíduos secos de aves de capoeira não apresentam riscos graves para os ruminantes e as aves de capoeira e não têm efeitos negativos na qualidade da carne, dos ovos ou do leite (Mcllroy e Martz, 1978).). Este subproduto de resíduos animais foi geralmente provado por vários trabalhadores como sendo economicamente marginal devido à percentagem relativamente baixa de composições proximais e perfis de aminoácidos dos resíduos de aves de capoeira, tal como referido por vários investigadores (Quadro

6), e ao elevado teor de cinzas.

Table 6

Chemical analysis and amino acids composition of dried poultry waste on the basis (%).

Nutrient	a	b	c	d	e
Moisture	7.36	9.40	11.40	4.50	7.40
Crude protein	24.21	31.08	28.70	24.28	23.80
True protein	10.84	23.18	10.50	14.73	10.60
Non protein N	13.37	7.90	18.20	9.55	-
Ether extract	2.13	1.62	1.76	4.07	2.10
Crude fibre	13.72	10.70	13.84	10.11	13.70
Ash	26.90	23.76	26.50	35.79	26.90
Ca	7.78	8.27	7.80	10.61	7.80
P	2.56	2.00	2.45	2.71	-
K	1.91	-	-	2.34	-
ME (MJ/Kg)	-	8.09	2.76	2.34	-
Amino acids					
Lysine	0.49	0.48	0.39	0.56	-
Histidine	0.20	0.21	0.23	0.19	-
Arginine	0.47	0.45	0.38	0.53	-
Aspartic acid	1.06	1.10	0.71	1.22	-
Threonine	0.50	0.44	0.35	0.60	-
Serine	0.52	0.47	0.38	0.72	-
Glutamic acid	1.54	1.36	1.12	1.69	-
Glycine	0.82	1.61	1.33	0.93	-
Alanine	1.62	-	0.61	1.07	-
Valine	0.62	0.78	0.46	0.83	-
Methionine	0.09	0.20	0.12	0.29	-
Isoleucine	0.50	0.42	0.36	0.66	-
Leucine	0.80	0.69	0.55	0.94	-
Tyrosine	0.26	0.31	0.27	0.40	-
Phenylalanine	0.45	0.40	0.35	0.53	-
Cystine	1.09	-	0.15	0.21	-

Source: Henuk & Dingle (2002).

No entanto, é muito difícil determinar com exatidão os benefícios do estrume para um animal, uma vez que o estrume é uma matéria orgânica dinâmica que sofre continuamente transformações biológicas e químicas. Por conseguinte, o benefício depende da composição e das formas dos nutrientes presentes no momento da alimentação. O teor de nutrientes do estrume é afetado pelo sistema global de manuseamento do estrume.

REFERÊNCIAS

Anónimo, 2002. The Composition of Foods (Sixth Summary Edition), 537 pp, Royal Society of Chemistry and the Food Standards Agency, Cambridge, UK.

Apsimon, H.M., Kruse, M., Bell, J.N.B., 1987. Emissões de amoníaco e o seu papel na deposição ácida, Atmosph. Environ., 21, 1939-1946. http://dx.doi.org/10.1016/0004- 6981(87)90154-5

Arancon, N.O., Edward, C.A., Bierman, P., Motzquar, J.O., Lee, S., Welch, C., 2003. Effects of vermicompost on growth and marketable fruits of field grown tomatoes, peppers and strawberries. Pediobiol, 47, 731-735. http://dx.doi.org/10.1016/S0031- 4056(04)70260-7 , http://dx.doi.org/10.1078/0031-4056-00251

Bajsa, O., Nair, J., Mathew, K. & Ho, G.E. (2003).Vermiculture as a tool for domestic waste water management. Water Sci. and Tech., 48, 124-132.

Bell, D.D. (2002). Gestão de resíduos. In: Chicken meat and egg production, 5th edition (Bell, D.D. and Weaver, Jr., W.D., eds). Kluwer Academic publisher. Massachusetts. http://dx.doi.org/10.1007/978-1-4615-0811-3_11 , http://dx.doi.org/10.1007/978-1-4615- 0811-3

Berendse, F., 1990. Acumulação de matéria orgânica e mineralização do azoto durante a sucessão secundária em ecossistemas de charneca. J. Ecol. 78, 413 - 427. http://dx.doi.org/10.2307/2261121

Borgers, P., Huothuijs, D., Remijn, B., Brouner B. & Blersker, K. (1997). Função pulmonar e sintomas respiratórios em suinicultores. British J. Industrial Med., 44, 819 - 823.

Bouwman, A.F., Booij, H., 1998. Global use and trade of foodstuffs and consequences for the nitrogen cycle, Nutr. Cycl. Agroecosys. 52, 261 - 267. http://dx.doi.Org/10.1023/A:1009763706114

Brown, J., 1996. Todos os envolvidos com aves de capoeira são responsáveis pela biossegurança. Poultry Times, Gainesville, GA, p. 17.

Buckerfield, J.C., Flavel, T.C., Lee, K.E., Webster, K.A., 1999. Vermicomposto na forma sólida e líquida como promotor de crescimento de plantas. Pedobiol. 43, 753 - 759.

Bui Xuan, A.N., Preston, T.R. & Dolberg, F. (1997). The introduction of low-cost polyethylene tube bio-digesters on small scale farms in Vietnam, Livestock Res. Rural Development. 9, 6 - 7. http://www.cipav.org.co/lrrd.

Burton, C.H., 1997. Gestão de estrume - Estratégias de tratamento para a sustentabilidade

agricultura, Instituto de Investigação de Silsoe, Bedford, Reino Unido.

Burton, C.H., Turner, C., 2003. ManureManagement : TreatmentStrategies for

Sustainable Agriculture, 2ª edição, Silsoe Research Institute, Bedford, Reino Unido.

Cameron, R., Mohammed, H., Ward, D., 2000. Area-wide integration (AWI) and its implications for animal and human health. Discussion Keynote Paper, Sessão 3 da Conferência Eletrónica sobre a Integração Regional da Produção Agrícola e Pecuária Especializada, 5pp. http://www.virtualcentre.org/en/ele/awi_2000/3session/3paper.htmhttp://www.virtualcentre.org/en/ele/awi_2000/3session/3plenary.txt.

CEC, 1991. Comissão das Comunidades Europeias, Diretiva do Conselho, de 12 de dezembro de 1991, relativa à proteção das águas contra a poluição causada por nitratos de origem agrícola (91/676/CEC). Jornal Oficial J. Europ. Comun. Nr. L. 375(31.12.91), 1 -8.

CEC, 2003. Comissão das Comunidades Europeias, Regulamento (CE) n.º 1334/2003 da Comissão, de 25 de julho de 2003, que altera as condições de autorização de vários aditivos pertencentes ao grupo dos oligoelementos em alimentos para animais, J. Oficial Europ. Uni. Nr. L. 187/11 (26.7.2003).

Chavez, C., Coufal, C.D., Lacey, R.E., Carey, J.B., Beier, R.C., Zhan, J.A., 2004. The impact of supplemented dietary methionine source on volatiles compound concentrations in broiler excreta. Poult. Sci. 83, 901 - 910.

Cheeke, P.R., 1999. AppliedAnimalNutrition-Feedandfeeding, secondedition , Macmillan Publishing Company. Nova Iorque.

Cole, D.J.A., Tuck, K., 2002. Abordagens europeias para a redução das emissões de amoníaco. In: Actas do Simpósio Nacional de Gestão de Resíduos Avícolas de 2002. PP. 59 - 66.

Correll, D.L., 1999. Phosphorus: a rate limiting nutrient in surface waters. Poultry Science 78 (5), 675 - 682.

Crews, J. R., Donald, J. O. & Blake, J.P., 1995. An economic evaluation of dead-bird disposal systems (Uma avaliação económica dos sistemas de eliminação de aves mortas). Circular ANR-914, Alabama Cooperative Extension Service, Auburn University, Auburn, AL.

Christmas, R. B., Damron, B.L. & Ouart, M.D. (1996). O desempenho de frangos de carne comerciais quando alimentados com vários níveis de farinha de galinha inteira processada. Poultry Sci., 75, 536 - 539. http://dx.doi.org/10.3382/ps.0750536

Curtis, S.E. & Drummond, J.G., 1982. Air environment and animal performance. In: Handbook of Agricultural Productivity, vol.2, Animal Productivity (Rechcigi, M.Jr., ed.), CRC Press Inc, Florida, USA.

Daghir, N.J. (1995). Poultry production in hot climates (Produção de aves de capoeira em climas quentes). CAB I, Wallingford.

Damron, W.S., 2000. Introductiontoanimalscience   .   Globalbiological   , socialand perspetiva da indústria. Prentice Hall. Nova Jersey.

Davies, R.H., 1997. A two year study of Salmonella typhimurium DT104 infection and contamination on cattle farms, Cattle Practice, 5, 189 - 194.

De, N.V., Murrell, K.D., Cong, P.D., Cam, P.D., Chau, L.V., Toan, N.D. & Dalsgaard, A., 2003. As doenças de trematódeos de origem alimentar e zoonoses do Vietname, Southeast Asian J. Trop. Med. Pub. Health, 34, 12 - 34.

Delahaye, R., Fong, P.K.N., Van Eerdt, M.M., Van Der Hoek, K.W. & Olsthoorn, C.S.M., 2003. Emissie van zeven zware metalennaar landbouwgrond [Emissão de sete metais pesados para os solos agrícolas]. Relatório, Serviço Central de Estatística (CBS), Voorburg/Heerlen, Países Baixos. Disponível em: http://www.cbs.nl/nl-NL/default.htm Delgado, C., Rosegrant, M., Steinfeld, H., Ehui, S. & Courbois, C., 1999. Livestock to 2020 - The next food revolution, Food, Agriculture, and the Environment Discussion Paper 28, 72 pp. International Food Policy Research Institute (IFPRI), Organização das Nações Unidas para a Alimentação e a Agricultura (FAO), International Livestock Research Institute (ILRI). IFPRI, Washington, EUA.

Dominguez, J., Velando, A. & Ferreiro, A., 2005. Eisenia fetida e Eisenia andrei (Oligochaete lumbricidae) são espécies biológicas diferentes? Pedobiol, 49, 81 - 87.

http://dx.doi.org/10.1016/j.pedobi.2004.08.005

Dizer, H., Nasser, A. & Lopez, J.M., 1984. Penetração de diferentes vírus patogénicos humanos em colunas de areia percoladas com água destilada, água subterrânea ou estrume líquido, Appl. Environ. Microbiol, 47, 409 - 415.

Donald, J. O. & Blake, J.P., 1990. Construção de um compostor para aves mortas. Circular DPT 10/90-001. Alabama Cooperative Extension Service, Auburn University, Auburn, AL.

Donald, J. O., Blake, J.P., Tucker, K. & Harkins, D., 1994. Mini-Composters in Poultry Production. Circular AND-804, Alabama Cooperative Extension Service, Auburn

University, Auburn, AL.

Donald, J. O., Mitchell, C. & Payne, V., 1990. Compostagem de aves mortas. Circular AND- 558, Serviço de Extensão Cooperativa do Alabama, Universidade de Auburn, Auburn, AL.

Donhann, K., Reynolds, S., Whitten, P., Merchant, J., Burmeister, L. & Popendort, W., 1995. Respiratory dysfunction in swine production facility workers, dose- response Relationships of environmental exposures and pulmonary function. Am. J. Industrial Med., 27, 405 -418.

http://dx.doi.org/10.1002/ajim.4700270309 PMid:7747746

CEE, 1980. Comunidade Económica Europeia, Diretiva 80/778/CEE do Conselho, de 15 de julho de 1980, relativa à qualidade das águas destinadas ao consumo humano. Jornal Oficial das Comunidades Europeias n.º L 229, (30.8.1980), p. 11.

EL Boushy, A.R.Y. & Vander poel, A.F.B., 2000. Manual de alimentação de aves de capoeira a partir de resíduos: Processing and use. 2ª edição. Kluwer Academic Publishers, Dordecht.

Elvira, C., Dominguez, J. & Mato, S., 1996. O crescimento e a reprodução de Lumbricus rubella e Dendrobaena rudida em cultura mista de estrume de vaca com Eisenia andrei. Appl. Soil Ecol., 15, 97 - 103.

Dados Faostat (2006). Organização das Nações Unidas para a Alimentação e a Agricultura, Roma, Itália. http://faostat. fao. org/site/336/default. aspx. fao.org/site/336/default. aspx.

Feddes, I.J.R. & Lickso, Z. J., 1993. Qualidade do ar em alojamentos comerciais para perus. Canadian Agricultural Engineering, 35, 147-150.

Fischer, T.K., Steinsland, H., Molbak, K., CA, R., Gentsch, J.R., Valentiner-branth, P., Aaby, P. & Sommerfelt, H., 2000. Genotype profiles of Rotavirus strains from children in a suburban community in Guinea-Bissau, Western Africa, J. Clin. Microbiol, 38, 264 - 267. PMid:10618098 PMCid:88706

FDACS (1999). Florida Department of Agriculture and Consumer Services, Florida Agricultural Statistics Service-Livestock, Dairy and Poultry Summary. Tallahassee, FL. Fontenot, J.P., 1979. Alternative in animal waste management. Comentários introdutórios. J.Anim. Sci.,48, 111-112.

Gerber, P., Chilonda, P., Franceschini, G. & Menzi, H. (2005). Geographical determinants and environmental implications of livestock production intensification in Asia,   BioresourceTechnol

,   96,   263-276   .

http://dx.doi.org/10.1016/j.biortech.2004.05.016PMid: 15381225

Harry, E. G., 1978. Poluição atmosférica em edifícios agrícolas e métodos de controlo: uma revisão.

Heij, G.J. & Schneider, T., 1995. Eindrapport Additioneel Programma Verzuringsonderzoek, derde fase (1991-1994) [Relatório Final do Programa Prioritário Neerlandês sobre a Acidificação, terceira fase (1991-1994)], Rapport nr. 300-05, Programa Prioritário Neerlandês sobre a Acidificação, Instituto Nacional de Saúde Pública e Ambiente, Bilthoven, Países Baixos (em neerlandês).

Henuk, Y.L., 2001. Ajustes nutricionais das dietas fornecidas a galinhas poedeiras em gaiolas e galpões para diminuir os resíduos. Tese de doutoramento, Universidade de Queensland.

Henuk, Y.L. & Dingle, J.G., 2002. Resíduos de aves de capoeira: Current problems and solutions, In: Global Perspective in Livestock waste management; proceedings of the 4th International Livestock Waste Management Symposium and Technology Expo, Penang, Malaysia. 1923 maio 2002 Malaysia Society of Animal Production, Penang, pp. 101-111.

Hogan, K.B., Hoffman, J.S. & Thompson, A.M., 1991. Methane on the greenhouse agenda, Nature, 354, 181-182. http://dx.doi.org/10.1038/354181a0

Hutchings, N.J., Sommer, S.G., Andersen, J.M. & Asman, W.A.H., 2001. A detailed ammonia emission inventory for Denmark, Atmosph. Environ., 35, 1959 - 1968. http://dx. doi. org/10.1016/S13 52-2310(00)00542-2

IAEA/FAO, 2008. Agência Internacional da Energia Atómica/Organização das Nações Unidas para a Alimentação e a Agricultura Guidelines for Sustainable Manure Management in Asian Livestock

Production Systems. Uma publicação preparada no âmbito do projeto RCA sobre Abordagem Integrada para Melhorar a Produção Pecuária Utilizando Recursos Indígenas e Conservando o Ambiente.

Jarvis, S.C., Sherwood, M. & Steenvoorden, J.H.A.M., 1987. Nitrogen losses from animal manures: from grazed pastures and from applied slurry, Animal Manure on Grassland and Fodder Crops: Fertilizer or Waste? (H.G. Van Der Meer, R.J. Unwin, T.A. Van Dijk, G.C. Ennik, Eds.), Development Plant Soil Sci., 30, 195-212, Martinus Nijhoff Publishers, Dordrecht, Países Baixos.

Kelleher, B.P., Leahy, J.J., Henihan, A.M., O'Dwyer, T.F., Sutton, D. & Leahy, M.J., 2002. Avanços na tecnologia de eliminação de camas de aves de capoeira - uma revisão. Biores. Tech., 83, 27-36. http://dx.doi.org/10.1016/S0960-8524(01)00133-X

Ketelaars, J.J.M.H. & Van Der Meer, H.G., 2000. Establishment of criteria for the assessment of the nitrogen content of animal manures, Relatório Final para a DG XI da Comissão Europeia, Relatório 14, 64 pp. + Anexos, Plant Research International, Wageningen, Países Baixos. + Anexos, Plant Research International, Wageningen, Países Baixos.

Khalil, M.A.K. & Rasmussen, R.A., 1992. The global sources of nitrous oxide, J. Geophys. Res., 97: 14651-14660. http://dx.doi.org/10.1029/92JD01222

Krupa, S.V., 2003. Efeitos do amoníaco atmosférico (NH3) na vegetação terrestre: revisão, Environ. Pollution, 124,179-221.http://dx.doi.org/10.1016/S0269-7491(02)00434-7

Leha, C., 1998. Efluente de biodigestor versus esterco, de suínos ou bovinos, como fertilizante para lentilha-d'água (Lemnaspp .), LivestockRes . &RuralDev ., pp: 5. http://www.cipav.org.co/lrrd.

Lekkerkerk, L.J.A., Heij, G.J. &Hootsmans , M.J.M., 1995.Ammoniak: defeiten.

[Ammonia: the facts], Rapport nr. 300-06, Dutch Priority Programme on Acidification, State Institute for Public Health and Environment, Bilthoven, Países Baixos.

Lelieveld, J., Crutzen, P.J. & Dentener, F.J., 1998. Changing concentration, lifetime and climate forcing of atmospheric methane, Tellus, 50B, 128-150.

Mackenzie, W.R., Hoxie, N.J., Proctor, M.E., Grad us, M.S., Blair, K.A., Peterson, D.E., Kazmierzak, J.J., Addis, D.G., Fox, K.R., Rose, J.B. & Davies, J.P., 1994. A massive outbreak in Milwaukee of Cryptosporidium infection transmitted through the public water supply, New England J. Med., 331, 161-167.

http://dx.doi.org/10.1056/NEJM199407213310304,PMid:7818640

Maghirang, R.G., Manbeck, H.B., Roush, W.B. & Muir, E.V., 1991. Distribuições de contaminantes do ar num galpão de postura comercial. Transacções da Ame. Soc. of Agricultural Eng., 34,2171-2180.

Materechera, S.A. & Mkhabela, T.S., 2002. A eficácia da cal, estrume de galinha e cinzas de folhagem na melhoria da acidez num solo previamente sob plantação de acácia negra (Acacia mearnsii). Biores. Tech., 85, 9-16 http://dx.doi.org/10.1016/S0960- 8524(02)00065-2

Mcllroy, W. & Martz, F.A., 1978. Alimentação de bovinos a partir de componentes de resíduos sólidos. In: Animal feed from waste materials, (Gillies, M.T., ed.), Noyes Data Corporation, Park, Ridge, New Jersey, pp., 263-303.

Merrill, L. & Halverson, L.J., 2002. Variação sazonal das comunidades microbianas e das concentrações de compostos orgânicos indicadores de mau cheiro em vários tipos de sistemas de armazenamento de dejectos de suínos. Environmental quality. 31, 2074-2085.

Moolenaar, S.W., 1999. Balanços de metais pesados, parte II. Management of cadmium, copper, lead, and zinc in European agro-ecosystems, J. Industrial Ecol., 3, 41-53. http://dx.doi.org/10.1162/108819899569386

Moolenaar, S.W. & Lexmond, T. M., 1998. Heavy metal balances, part I. General aspects of cadmium, copper, zinc, and lead balance studies in agro-ecosystems, J. Industrial Ecol., 2, 45 - 60. http://dx.doi.org/10.1162/jiec.1998.2.4.45

Moore, P.A., 1998. Bestmanagementpracticesfor poultrymanureutilizationthat aumenta a produtividade agrícola e reduz a poluição. In: Utilização de resíduos animais: Effective use of manure as a soil resource. J.L. Hatfield e B.A. Stewart, eds. Ann Arbor press, Chelsea, ML, pp. 89-123.

Nardone, A. & Valfre, E., 1999. Efeitos da alteração dos métodos de produção na qualidade da carne, do leite e dos ovos. Livestock Prod. Sci., 59, 165-182 .

http://dx.doi.org/10.1016/S0301-6226(99)00025-1

Ndegwa, P.M. & Thomas, S.A., 2000. Integração da compostagem e da vermicompostagem no tratamento e conversão biológica de biossólidos. Biores. Tech., 76, 13 - 23.

Nguyen, X.T., 1998. The need for improved utilisation of rice straw as feed for ruminants inVietnam : anverview, LivestockRes. RuralDevelopment , 10, 13 pp. http://www.cipav.org.co/lrrd

Nicholson, F.A., Groves, S.J. & Chambers, B.J., 2005. Sobrevivência de agentes patogénicos durante o armazenamento de estrume animal e após a aplicação no solo, Biores. Technol., 96, 135 - 143. http://dx.doi.org/10.1016/j.biortech.2004.02.030 PMid: 15381209

Okoli, IC., Alaehie, D.A., Okoli, C.G., Akanno, E.C., Ogundu, U.E., Akujobi, C.T., Onyicha, I.D. & Chinweze, C.C.E., 2006. Aerialpollutantgasesconcentrationsin ambiente das pocilgas tropicais na Nigéria. Natureza e Ciência, 4, 1-5.

O'Neill, D.H. & Phillips, V.R. (1992). A review of the control of odour nuisance from livestock buildings. Parte 3, propriedades das substâncias odoríferas, que foram identificadas nos resíduos da pecuária ou no ar à sua volta. Journal of Agricultural Engineering Research, 53, 23 - 50. http://dx.doi.org/10.1016/0021-8634(92)80072-Z

Pizl, V. & Novakova, A., 2003. Interação entre microfungos e Eisenia andrei (Oligochaete) durante a vermi-composição de estrume de gado. Pedobiol., 47, 895 - 899. http://dx.doi.org/10.1016/S0031-4056(04)70286-3http://dx.doi.org/10.1078/0031-4056- 00277

Reynolds, S., Donham, K., Whitten, P., Merchant, J., Murmeister, L. & Popendorf, W., 1996. Longitudinal evaluation of Doze- response relationships for environmental exposures and pulmonary function in swine production workers. Am. J. Indus. Med., 29, 33-40 . http://dx.doi.org/10.1002/(SICI)1097-0274(199601)29:1<33::AID-AJIM5>3.0.CO;2-#

Richardson, T., Pinckney, J. & Paerl, H., 2001. Responses of estuarine phytoplankton communities to nitrogen form and mixing using microsm bioassays, Estuaries, 24, 828 - 839. http://dx.doi.org/10.2307/1353174

Rotz, C.A., 2004. Gestão para reduzir as perdas de azoto na produção animal. Journal of Animal Science,

82: E119-E137.PMid: 15471791

Ryser, J.P., Walther, U. & Flisch, R., 2001. Donnees de bases pour la fumure des grandes cultures et des herbages en Suisse, Engrais de Ferme Revue Suisse d'Agriculture. 33: 180.

Sainsbury, D., 1992. Poultry health and management-chickens, turkey, geese, quail. 3ª ed.. Blackwell Scientific Ltd, Oxford, Reino Unido.

Sloan, D.R., Kidder, G. & Jacobs, R.D., 2008. Poultry Manure as a Fertilizer (Estrume de Aves como Fertilizante). http://edis.ifas.ufl.edu.

Smith, K.A., Jackson, D.R. & Pepper, T.J., 2001. Perdas de nutrientes por escoamento superficial após a aplicação de adubos orgânicos em terras aráveis. 1. Nitrogénio, Environ. Pollution,　112,　41-51.
http://dx.doi.org/10.1016/S0269-7491(00)00098-1

http://dx.doi.org/10.1016/S0269-7491(00)00097-X

Smith, K.A. & Van Duk, T.A., 1987. Utilisation of phosphorus and potassium from animal manures on grassland and forage crops, Animal Manure on Grassland and Fodder Crops: Fertilizer or Waste? (H.G. VAN DER MEER, R.J. UNWIN, T.A. VAN DIJK, G.C. ENNIK, Eds.), Martinus Nijhoff Publishers, Dordrecht, Países Baixos, Development Plant Soil Sci., 30, 87-102,

Sommer, S.G. (2000). Reciclagem integrada de efluentes de suínos em toda a área na Tailândia. Effluent treatment and handling, Relatório DIAS n.º 17 DIAS, Dinamarca.

Sommer, S.G., Genermont, S., Cellier, P., Hutchings, N.J., Olesen, J.E. & Morvan, T., 2003. Processes controlling ammonia emission from livestock slurry in the field, Europ. J. Agron, 19, 465-486.
http://dx.doi.org/10.1016/S1161-0301(03)00037-6

Sommer, S.G. & Moller, H.B., 2000. Emissão de gases com efeito de estufa durante a compostagem de camas profundas provenientes da produção de suínos - efeito do teor de palha. J. Agric. Sci., 134, 327 - 335. http://dx.doi.org/10.1017/S0021859699007625

Sommer, S.G. & Hutching, N.J., 2001. Ammonia emission from field applied manure and its reduction-invited paper. Jornal Europeu de Agronomia. 15, 1 - 15. http://dx.doi.org/10.1016/S1161-0301(01)00112-5

Stanley, K.N., Wallace, J.S., Currie, J.E., Diggle, P.J. & Jones, K., 1998. The seasonal variation of thermophilic Campylobacters in beef cattle, dairy cattle and calves, J. Appl. Microbiol, 85, 472-480.

http://dx.doi.org/10.1046/j.1365-2672.1998.853511.x PMid:9750278

Steinfeld, H. & Chilonda, P., 2006. Old players, new players, Livestock Report 2006, 314, Divisão de Produção e Saúde Animal, Organização das Nações Unidas para a Alimentação e a Agricultura, Roma, Itália.

Strauch, D. (1986). Hygienic aspects of land use of municipal sewage sludge and animal manure, Efficient land use of sludge and manure (A.D. Kofoed, J.H. Williams, P. L'hermite, Eds.), CEC Seminar, Elsevier Applied Science Publishers, London, UK. Pp: 224-237.

Taiganides, E.P., 1992. Pig waste management and recycling - The Singapore experience, 345 pp, International Development Research Centre, Ottawa, Canadá.

Taiganides, E.P., 2002. A solução para a poluição. In: Global perspective in livestock waste management symposium and technology expo, Penang; Malaysia, 19-23 May 2002, (Cong, H.K., Zulkifle, I., Tee, T.P. and Liang, J.B. eds.). Malaysia Society of Animal Production, Penang, pp. 1-10.

Tamminga, S., Jongbloed, A.W., Van Eerdt, M.M., Aarts, H.F.M., Mandersloot, F., Hoogervorst, N.J.P. & Westhoek, H., 2000. The forfaitaire excretie van stikstof door landbouwhuisdieren [Normas para a excreção de azoto por animais de criação], Rapport ID-Lelystad n.º 00-2040R, Instituut voor Dierhouderij en Diergezondheid, Lelystad, Países Baixos. Pp: 71.

Ten Have, P.J.W. & Van Voorneburg, F. (1994). Mestverwerking (Manure processing), (J.H. Van Middelkoop, Ed.), Naar veehouderij en milieu in balans, 10 jaar FOMA onderzoek. Onderzoek inzake de mest- en ammoniakproblematiek in de veehouderij 19 (Pluimvee). Dienst Landbouwkundig Onderzoek (DLO), Wageningen, Países Baixos. pp: 51-59.

Tripathi, G. & Bhardwaj, P., 2003. Decomposição de resíduos de frango emendados com estrume de vaca utilizando uma espécie epígea (Eisenia foetida) e uma espécie anécica (Lampito mauritii), Biores. Tech, 92, 215 - 218.

http://dx.doi.org/10.1016/j.biortech.2003.08.013 PMid:14693456

UKTERG, 1988. United Kingdom Terrestrial Effects Review Group, The effects of acid deposition on the terrestrial environment in the United Kingdom, First Report, Centro de Publicações HMSO, Londres, Reino Unido.

Van Breemen, N., Burrough, P.A., Velthorst, E.J., Van Dobben, H.F., De Wit, T., Ridder, T.B. &

Reijnders, H.F.R., 1982. Soil acidification from atmospheric ammonium sulphate in forest canopy throughfall, Nature, 299, 548-550.http://dx.doi.org/10.1038/299548a0 Van Riemsdijk, W.H., Lexmond, Th.M., Enfield, C.G. & Van Der Zee, S.E.A.T.M., 1987. Acumulação e consequências do fósforo e dos metais pesados. Animal Manure on Grassland and Fodder Crops: Fertilizer or Waste? (H.G.Van Der Meer, R.J. Unwin, T.A.

Van Dijk, G.C. Ennik, Eds.), Development Plant Soil Sci., 30, 213-227, Martinus Nijhoff Publishers, Dordrecht, Países Baixos.

Van Der Meer, H.G., 2006. Reduction of Agricultural and rural Pollution by Innovative aDditives (RAPID), Relatório Científico Final do Contrato CRAFT QLK5-CT-2001- 70429, Nota 415, Plant Research International, Wageningen University and Research, Wageningen, Países Baixos. pp: 282.

Van Der Meer, H.G. & Wedin, W.F., 1989. Papel atual e futuro dos prados e das culturas forrageiras nos países temperados, com especial referência à sobreprodução e ao ambiente. Actas do XVI Congresso Internacional de Pastagens. Nice, França. 3, 1711-1718.

Van Wambeke, A., 1976. Formação, distribuição e consequências dos solos ácidos no desenvolvimento agrícola. In: Plant adaptation to mineral stress in problem soils, (Wright, M.J. ED.), Cornell University Press, New York, pp. 15-24.

Printed by Books on Demand GmbH, Norderstedt / Germany